现代果农致富彩色图说系列

莲雾生产
与病虫害防治

Production and Pests Control of
Syzygium samarangense

Syzygium
samarangense

梁广勤　梁帆　赵菊鹏　主编

中国农业出版社

北京

图书在版编目（ＣＩＰ）数据

莲雾生产与病虫害防治 / 梁广勤，梁帆，赵菊鹏主编. —北京 ：中国农业出版社，2015.6（2018.12重印）
ISBN 978-7-109-20323-5

Ⅰ．①莲… Ⅱ．①梁… ②梁… ③赵… Ⅲ．①蒲桃－果树园艺②蒲桃－病虫害防治方法 Ⅳ．①S667.9②S436.6

中国版本图书馆CIP数据核字(2015)第064133号

中国农业出版社出版
（北京市朝阳区麦子店街18号楼）
（邮政编码 100125）
责任编辑 杨桂华

———————————

北京通州皇家印刷厂印刷　新华书店北京发行所发行
2019年1月第1版北京第2次印刷

———————————

开本：880mm×1230mm 1/32 印张：3.25
字数：80千字
定价：36.00元
（凡本版图书出现印刷、装订错误，请向出版社发行部调换）

主　编：梁广勤　梁　帆　赵菊鹏

参编人员（按姓名笔画排序）：

马　骏　马新华　龙　阳　毕燕华

刘志斌　刘　贺　汤玉霞　李　刚

李素冰　吴佳教　何日荣　陈永红

陈泽铭　陈思源　林　莉　罗冠葱

周庆贤　赵菊鹏　胡学难　钟国强

侯翠丽　骆　军　袁俊杰　郭　权

黄　彬　黄法余　梁　帆　梁广勤

简丽容

Syzygium
samarangense

序

　　随着人们对水果消费质量要求的不断提高，对水果品种的要求也逐渐增多，以往常见的水果品种已不能满足消费者的食用要求。人们对水果消费已不仅仅是食用，而更多的是关注其美食和保健的功能。莲雾正是一种美食和保健并存的水果，因此颇受消费者欢迎。多年来，鲜食莲雾在广州市场或其他地区市场的出售，价格虽然较高但购买者众多。因此，鲜食莲雾正是消费者的优先选择水果品种之一。

　　据初步统计，鲜食莲雾病虫害有28种，其中病害有13种，虫害有15种。莲雾炭疽病是较常见且危害严重的病害，而实蝇是一类危险性很大的害虫。在莲雾的国际贸易中，实蝇是重要的检疫对象，往往由于在果实中发生的这类害虫，在入境口岸查获后，该批莲雾将被拒绝进入我国境内。

　　实蝇是水果国际贸易的主要危险性有害生物之一，很多国家和地区都对这类害虫制定有相关的检疫措施。据此，水果出口国家或地区，都对此十分重视，对这类害虫加以严密的防控。水果进口国为防止实蝇类或其他检疫性有害生物随进境水果传入，有针对性地制定相关的检验检疫措施和要求，向水果出口国提出，或与水果出口国共同签署双边植物检疫有关协定，出口国则必须按照进口国的检疫要求输出。

　　本书的出版，为促进我国莲雾种植业的发展，进一步捯高莲雾的种植和管理的科学水平，促进莲雾国内和国际贸易的健康发展，有很好的参考价值。

广东省昆虫研究所研究员

2015年5月5日

前言

    鲜食莲雾是一种热带水果，盛产于东南亚地区和中国台湾。莲雾的水分含量高，食用时口感好，松脆爽甜，因而备受广大消费者欢迎。这种具有热带特色的水果，在鲜食果品市场上享有很高的声誉。台湾地区是我国鲜食莲雾引种和种植最早的地区。近年来，海南、广西、广东、福建、云南等地，先后从台湾引进并试种成功。

    鲜食莲雾自引进我国栽培至今，尤其是海南莲雾的生产发展很快，已成为大陆地区种植面积最大、品种最多、品质最优的莲雾产区。随着莲雾种植业的发展，莲雾鲜果的加工和贸易也得到很大的发展。在国内市场，多年来鲜食莲雾呈现出供不应求的态势，由于莲雾鲜果具有多种药用价值，所以消费者在获取美食的同时，还可将鲜食莲雾作为有益于身体健康的保健水果。

    中国大陆销售的莲雾，主要产自泰国和我国台湾省。由于莲雾是危险性有害生物的喜食寄主，病虫害发生的种类较多。其中，实蝇类害虫多次在进境口岸被查获，引起了中国有关部门的高度重视。

　　《莲雾生产与病虫害防治》一书参考了众多的相关文献，是在检验检疫部门多年的研究成果及经验的基础上编写而成。

　　本书共分5章，内容包括莲雾的分类地位、形态学、产地分布、品种，莲雾的生物学特性，莲雾的繁殖与病虫害防治。重点介绍了莲雾鲜果的病虫害种类、发生分布以及对病虫害的防治措施；还介绍了莲雾在生产、运输、销售过程中必须注意的问题。本书具有较高的科学性、可操作性，对促进国内莲雾产业的发展、控制莲雾病虫害的传入将起到积极的作用。

　　本书图文并茂、通俗易懂，可为莲雾栽培、病虫害管理和国内外贸易提供技术支撑；可供检验检疫部门、水果栽培、园林绿化生产与管理技术部门，以及水果贸易部门决策参考和应用。本书的出版，得到广东东联通运物流有限公司的资助支持，特此感谢！由于作者水平有限，书中错误恳请读者批评指正。

编　　者

2015年5月5日

目录

Production and Pests Control of
Syzygium samarangense

第一章　　概述

　　莲雾 *Syzygium samarangense* (Blume) Merrill et Perry，又名洋蒲桃、紫蒲桃、水蒲桃、水石榴、天桃、辇雾、爪哇蒲桃、琏雾，属桃金娘科，是一种主要生长于热带的水果。原产印度、马来西亚，尤以爪哇栽培的最为著名，故又有"爪哇蒲桃"之称。在中国，海南莲雾被称为"点不"，也称为"扑通"，因为经常从树上掉下来扑通一声响，有些海南人只认识"点不"，却不知道莲雾为何物；在广东一些地区莲雾被称为"棉花果"，潮汕地区称为"莲雾"或者"无花果"；我国台湾的莲雾是17世纪由荷兰人引进台湾的，台湾屏东是最有名的产地。随着种植技术的发展，莲雾除了原有的红色和绿色以外，还有暗红色的莲雾，是新的品种。

　　莲雾果实顶端扁平，下垂状表面有蜡质的光泽，呈钟罩形或三角形。果肉海绵质，味道清香、松脆，清凉爽口。莲雾的种类很多，果形美，果色鲜艳，有的呈青绿色，有的呈粉红色，还有的呈大红色。莲雾果实可供食用，果实中含有蛋白质、脂肪、碳水化合物及钙、磷、钾等矿物质，可清热利尿和安神，对咳嗽、哮喘也有效果。我国台湾、海南、广东、广西和福建等地有栽培。

一、莲雾的分类地位

中名：莲雾

学名：*Syzygium samarangense*（Blume）Merrill et Perry

异名：*Eugenia javanica* Lam.

英文名：Rose apple, Wax–apple, Wax–jumbo, Samarang rose apple；因其果实长得像铃铛，也称为bell–fruit。

别名：洋蒲桃、紫蒲桃、水蒲桃、水石榴、辇雾、琏雾、天桃、爪哇蒲桃；新加坡和马来西亚一带叫做水翁，又名天桃；在海南莲雾被称为"点不"，也称为"扑通"；在广东一些地区把莲雾称作棉花果，广州把莲雾称为水蒲桃，潮汕地区称为莲雾或者无花果。

植物学分类：莲雾*Syzygium samarangense*为植物界Plantae，被子植物门Magnoliophyta，双子叶植物纲Dicotyledoneae，桃金娘目Myrtales，桃金娘科Myrtaceae，蒲桃属*Syzygium*。

二、莲雾的形态学

莲雾为多年生常绿阔叶乔木，树高可达12米，分枝和嫩枝较多。主干分枝较低，新抽枝条幼小时为绿色，成熟枝干树皮的色变深，为暗褐色。树体的枝条外伸开展，树冠远看呈圆头形，绿叶生长很旺，叶层厚、浓密。

图1是泰国莲雾种植园，其种植的特点是与水相连，需要湿度比较高的种植环境；图中可以看到树冠的形态呈圆头形，叶生长很旺，叶层厚且密。

图2为四年生莲雾树，其种植在广州花都花东莘田二村居民家庭院中；图中可以看到树冠略呈圆头形。

图1　泰国莲雾种植园（梁广勤提供）

图2　四年生莲雾树（梁广勤提供）

　　图3为种植在华南植物园、作为观赏植物的莲雾树，已有40多年的树龄，树干分枝较低。

图3　华南植物园中的莲雾树（梁广勤提供）

1. 叶

　　莲雾树的叶片为单叶对生，其叶柄极短，2叶几乎紧靠。叶柄的长度小于4毫米，叶片有时近于无柄；叶片较薄，革质，椭圆形至长圆形；叶长10～22厘米，宽6～8厘米，先端钝或稍尖，基部变狭，圆形或微心形；上面干后变黄褐色，下面多细小腺点；侧脉14～19对，以45°开角斜行向上，离边缘5毫米处互相结合成边脉；另在靠近边脉1.5毫米处有1条附加边脉，侧脉间相隔6～10毫米，有明显网脉。

　　图4是莲雾叶片，可看到莲雾叶片极短，两叶几乎紧靠的特点。图5可看到莲雾叶片的边缘脉。图6是泰国种植的莲雾树，可看到其叶片的叶柄极短和具有边缘脉的特点。

图4　莲雾叶片（梁广勤提供）

图5 莲雾叶片的边缘脉 （梁广勤提供）

图6 泰国种植的莲雾树叶片 （梁广勤提供）

2. 枝梢

莲雾萌发力强，成枝力也很强。在高温、高湿的环境下，其发梢次数多，在热带地区一年可抽梢4～5次，枝梢生长量大。两年生莲雾树冠直径2～2.5米、高1.2～2米。莲雾的生长按抽梢物候期，可分为春梢、夏梢、秋梢和冬梢。每次梢叶片1～2对。春梢枝条长5～7厘米，节间较短，新梢在生长过程中由浅绿色转为深褐色；夏梢枝条长8～10厘米，节间较长；秋梢枝条长15～20厘米，秋梢枝条的长度要比春梢、夏梢都长，枝条生长速度也较快，秋梢老化时间约为28天，老化时间比春梢和夏梢都短；冬梢因抽生时间晚，生长时间短，枝梢幼嫩。

图7、图8为莲雾树的枝条生长状况，由于其发梢次数多，枝梢生长量大。

图7 莲雾树的枝条生长状况（梁广勤提供）

图8 莲雾树的枝条生长状况（梁广勤提供）

3. 根

总体来说，莲雾的根系生长有垂直根系和水平根系两种。一般嫁接苗根系生长要比实生苗的根系生长浅。若垂直根系发达，树势生长旺盛，会使植株徒长，从而推迟开花结果时间；若水平根系发达，分生须根多，可促进树冠横向生长，有利于莲雾树提早开花和结果。因此，种植莲雾时，如果主根过于发达，须进行短截处理；生产管理时，应促进水平根系生长发育，采取有利于水平根系生长发育的技术措施。

4. 花

莲雾的花为聚伞花序，顶生或腋生，长5～6厘米，有花数朵；花白色，花梗长约5毫米；萼管倒圆锥形，长7～8毫米、宽6～7毫米，萼齿，半圆形，长4毫米，宽加倍；雄蕊极多，长约1.5厘米，花柱长2.5～3厘米，花期3～4月。

　　莲雾枝条上的花序见图9，莲雾的花序见图10。

图9　莲雾枝条上的花序（梁广勤提供）

图10　莲雾的花序（梁广勤提供）

5. 果

　　果实呈梨形、圆锥形或倒钟罩形，果肉呈海绵状肉质，松脆；洋红色，发亮，长4～5厘米，先端凹陷，有宿存的肉质萼片。台湾地区种植的果熟于5～6月。

　　莲雾的幼果期结果量大，见图11；莲雾的成熟果实见图12。

图11　莲雾幼果期（陈安强提供）

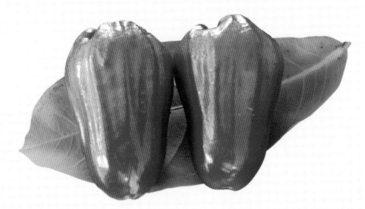

图12　莲雾的成熟果实（梁广勤提供）

三、产地分布

莲雾原产于马来半岛、安达曼群岛，在马来西亚、印度尼西亚、菲律宾、泰国以及我国台湾普遍栽培，在泰国栽培的历史颇为悠久。世界热带地区多有引种，我国台湾、海南、广东、广西、福建、云南等省（自治区）有引种。但栽培区域仍以北回归线以南终年无霜期长的区域或东南沿海区域为主。据资料介绍，我国台湾的莲雾是17世纪由荷兰人自爪哇引进的。从全国莲雾栽培面积来看，目前，以台湾地区栽培最多，栽培面积有8 700多公顷。在台湾地区莲雾的种植主要分布在宜兰、彰化、台南、屏东等地，年产量达15万多吨。台湾的屏东是莲雾最有名的产地。100多年前莲雾被引入我国广东、福建和海南等省栽培，经过多年不断的发展，在台湾、广东、海南、福建、广西、云南、贵州和四川等省（自治区）均有栽培。除台湾地区外，海南的栽培面积也较大，其他地区则是零星种植。

四、莲雾品种

莲雾的品种繁多，大多源于种植者对品种的改良。以我国台湾为例，种植品种就有16个。

1. 深（大）红色种莲雾

深红色种莲雾，在我国台湾地区被称为本地种莲雾。其色泽深红，果形小，倒扁圆锥形；有长有短，平均果长约4.4厘米；果色深红色，果肉白色带淡红色，甜味低，稍带涩味；中空，颜色鲜艳，耐储藏，糖度约6.4白利度，一般平均果重约44克。该品种在台湾地区栽培历史最久，果形最小，是台湾地区早期的莲雾。产期：北部地区为7~9月，南部地区为5~7月。

2. 粉红色种莲雾

该品种俗称南洋种莲雾，色泽深红，果形大，圆锥形；果皮粉红色至暗红色，水分高，味清甜；平均果长6～7厘米，果顶宽约6.4厘米，纵径与横径相近；糖度10～14白利度，最高可达18白利度；平均果重90～150克。该莲雾品种早期自南洋引进，目前在我国台湾栽培最多，是最具经济价值的栽培品种。在台湾省主产地是屏东县、嘉义县。产期：北部地区为7～9月，南部地区为5～7月，经过改良在屏东县的产期可延长到12月至翌年7月。

3. 黑珍珠莲雾

该品种为台湾省屏东县的改良品种。1961年，林边乡农民开始在崎峰村沿海一带种植莲雾，虽然生长出来的莲雾果实小，但因色泽暗红、反光，看起来像发亮的珍珠，风味极甜且不酸，糖度高于12白利度，故称之为"黑珍珠"。因当地土壤盐分含量高，外加海上吹来南风，台湾俗谚有："南风透莲雾著甜"。台湾地区主要产区分布在屏东县的林边乡、枋寮乡、枋山乡、佳冬乡、南州乡、麟洛乡，嘉义县的梅山乡。

4. 黑钻石莲雾

该品种果实特大，果色深红带光泽，水分多、清甜爽口的莲雾，称之为"黑钻石"。主要产区为台湾省高雄市六龟区和广西钦州。

5. 黑金刚莲雾

该品种由黑珍珠莲雾改良，所结果实大。为与台湾省高雄市六龟区的"黑钻石莲雾"区分，称之为"黑金刚莲雾"。产地为台湾省屏东县的林边乡、南州乡和广西钦州。

6. 白色种莲雾

该品种称为白莲雾、白壳仔莲雾、新市仔莲雾、翡翠莲雾。色泽为乳白色或清白色，果形小，长倒圆锥形或长钟形，果肉乳白色；具清香，略带酸味，果长约5.0厘米，果顶宽约4.4厘米，近果柄一端稍长，糖度约12白利度，平均果重约34克。该品种果型细小，产量较低，栽培不多。主产地为台湾省台南市的新市区，产期：在台湾省南部地区为5~7月。

7. 青绿色种莲雾

该品种称为二十世纪莲雾、绿壳仔莲雾、香果莲雾、凸脐莲雾。色泽为青绿色带光泽及蜡质，果型大，扁圆形；具特殊香气，果长约5.1厘米，果顶宽约5.4厘米，近果柄一端稍窄，果顶微凸，故又被称为"凸脐莲雾"，糖度约8.8白利度，平均果重59克。产地为台湾省高雄市，产期：5~7月。

8. 大果种莲雾

该品种色泽为深红色至暗深红色，果形为平整形或圆锥形，果皮具有明显隆纹。成熟时果脐4片，果萼片小且分离，果肉密实，且海绵体组织及果腔均小；果长约6.9厘米，近果脐处的果宽约7.6厘米，果脐平或微凸，果宽常大于果长；糖度12~13白利度，平均果重约160克。产地为台湾省屏东县，产期：12月至翌年5月。

9. 马六甲种莲雾

该品种果呈乳白色，果的形状为扁钟形。果形中小，果长约4.9厘米，果顶宽约5.4厘米，纵径较横径短，果皮表面上有明显隆纹；糖度5~6白利度，平均果重55.7克。该品种开花期短，果实水分含量高，经济栽培较少。产地在台湾省台南市，产期：6~8月。

10. 泰国红宝石莲雾

该品种果呈深红色至暗红色，果肉扎实、海绵体较少，脆而多汁。果长约10.1厘米，果宽约6.2厘米，糖度因部位而异，果梗糖度10~12白利度，果洼部糖度12~14白利度，单果重130~250克。2000年自泰国引入我国台湾，市售的"子弹莲雾"即是此品种。

11. 子弹莲雾

该品种色泽暗红，外形酷似子弹而得名，又名导弹莲雾。果肉有红色晕开的感觉，味甜，稍涩；近白色，产量少，价格高。

12. 紫钻莲雾

该品种由台湾地区的云林县古坑乡何姓果农试种培育。产地为台湾省云林县古坑乡、屏东县，产期：云林县为6~10月，屏东县为9月至翌年4月。

13. 印尼本地种莲雾

该品种还称甘蔗莲雾，色泽深红；因果形稍长，形状特别而得名。

14. 印尼大果种莲雾

该品种色泽在隆起部呈红色，平面部呈黄绿色或绿色；果面有纹沟，果洼部有红斑，斑深且大，果柄端圆尖；果肉质脆而多汁，海绵体少，果肉呈水浸状；清甜味芬芳，具莲雾特有的味道；成熟度高，不酸不涩；果长约12厘米，果宽约8.6厘米，果重180~450克。该品种于2001年自印度尼西亚引进到台湾省，由于果形如成人巴掌大小，故有"巴掌莲雾"之称；又因具蒲桃香气，又称"香水莲雾"。产期为6~10月。

15. 帝王大莲雾

该品种由台湾省云林县古坑乡何姓果农试种培育。产地为台湾省云林县古坑乡、屏东县。产期：云林县为6～10月，屏东县为9月至翌年4月。

16. 淡粉红色种莲雾

该品种色泽为淡粉红色；果长平均约4.3厘米，果顶宽约4.7厘米，纵径比横径短，俗称"斗笠莲雾"，内含种子1～2粒；为中熟品种，糖度约7白利度，平均果重约38克。因形色不佳，无经济价值。

中国大陆种植莲雾的历史不及台湾省悠久，除海南省种植面积较大外，大多是少量或是零星种植，莲雾树主要是供游人观赏。在品种方面，有少数地区的莲雾品种是从台湾省引入，但大多数地区种植的品种多为不知名。多数莲雾树所结的果，基本上都个小、呈三角形，颜色淡红，似俗称斗笠莲雾所描述的形状。这些果实食味淡如清水，在广州地区有水蒲桃之称，没有人喜欢食用。果实多数落地，诱来蚂蚁、苍蝇和大量的腐生蝇。

图13为花都俊丰果场内种植的供游人观赏的莲雾树，其树冠圆形，分枝较低。图14为种植在华南植物园内、有40多年树龄、供游人观赏的莲雾树，称之为洋蒲桃。

根据2014年莲雾结果季节统计，作者所见的莲雾树多为公园种植，也有在果园或游览区种植，这些都统称为莲雾。图15～图22的莲雾照片，无法考证其真正的种名。在华南植物园的两株莲雾树，有标明洋蒲桃（*Syzygium samarangense*）的品种名，位于湛江的南亚热带作物研究所种植的也标出蒲桃学名

图13 花都俊丰果场供游人观赏的莲雾树（梁广勤提供）

莲雾生产
与病虫害防治

Production and Pests Control of
Syzygium samarangense

图14 华南植物园供游人观赏的莲雾树（梁广勤提供）

（*Syzygium samarangense*），此外所见的莲雾均无具体名称。

图15为湛江市海滨公园种植莲雾结的果实，图16为南亚热带作物研究所（湛江市）种植莲雾结的果实，图17为华南植物园种植的莲雾名为洋蒲桃结的果实，图18、图19为花都香草世界（公园）种植莲雾结的果实，图20、图21为花都俊丰果场种植莲雾结的果实，图22为花都马鞍山公园种植莲雾结的果实。

图15 湛江市海滨公园种植莲雾结的果实（马新华提供）

图16 南亚热带作物研究所（湛江市）种植莲雾结的果实（马新华提供）

图17 华南植物园种植的莲雾名为洋蒲桃结的果实（梁广勤提供）

图18 花都香草世界（公园）种植莲雾结的果实（罗冠葱提供）

图19 花都香草世界（公园）种植莲雾结的果实（罗冠葱提供）

图20 花都俊丰果场种植莲雾结的果实（赵菊鹏提供）

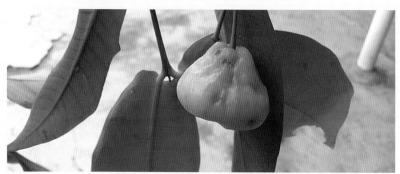

图21 花都俊丰果场种植莲雾结的果实（罗冠葱提供）

图22 花都马鞍山公园种植莲雾结的果实（梁广勤提供）

Production and Pests Control of
Syzygium samarangense

第二章　　莲雾的生物学特性

一、对温度、湿度和土壤的要求

莲雾是喜温怕寒的植物，最适生长温度25～30℃。在冬季无霜害，7℃时花蕾、幼果即遭寒害而脱落；10℃时接近采收的果实也会受害脱落。

莲雾对水分要求高，喜好湿润的土壤，全年需有充足的水分供应。凡水边的莲雾，生长必壮，且耐涝性强；经常受浸的地区也可正常生长，开花结果。

莲雾对不同土壤的适应性较强，对土壤要求不严，沙土、黏土、红壤和微酸或碱性土壤均能种植。在土层深厚、肥沃、湿润、酸性土壤上生长结果良好，在海拔300米以下的南向缓坡栽培能获优质高产。经济栽培以灌溉条件较好的微碱性黏质壤土为佳。

二、开花与结果

莲雾成年树高约3米，全年常绿，多次抽枝。莲雾有多次开花结果的习性，花量很大，结果也多。5年生莲雾树正常的花穗有1 000～2 000穗，每穗的花蕾数为11～21。在我国海南地区，正常3～5月开花，5～7月果熟。通过特殊处理能调节花期，使果熟期提早到12月至翌年4月。在华南地区，3～4月开第一次花，5～6月果实成熟；7月下旬开第二次花，8～9月果实成熟，12月还可开花结果。一般果重70～80克。在台湾地区莲雾栽培多实行产期调节，每年4～6次开花结果，一般亩产5 000千克。

根据韩剑等报道，莲雾的结果，根据生产商品的要求，每棵莲雾树仅需留200穗左右，每穗的花蕾数只需留6～8个。为加速果实发育，增大果形，提高品质，宜选留结果部位良好的花穗，避免擦伤、日晒，并疏除小果、劣质果。

莲雾的开花与谢花见图23、图24、图25。

图23 华南植物园种植的莲雾开花与谢花状（梁广勤提供）

图24 花都俊丰果场种植的莲雾开花与谢花状（梁广勤提供）

图25 泰国种植的莲雾谢花状（梁广勤提供）

Production and Pests Control of
Syzygium samarangense

第三章　　莲雾的生产

一、繁殖

　　莲雾的繁殖多采用无性繁殖技术扩大种群数量，这种繁殖的方法速度快，可保持接穗的原有特性，适合在莲雾扩大再生产中应用。根据资料介绍，利用枝条扦插，由于采取的部位不同，扦插效果也不同。采自树上部的枝条与采自树下部的枝条成熟度是不一样的；靠近基部的成熟度处于幼化特征，而越向上，成年特征越明显。在其他条件保持一致的情况下，一般插穗取自树的茎基部，扦插相对容易成活。

　　根据不同种植地区的气候和环境条件，多数地区莲雾的繁殖，可于2～4月春植或8～9月秋植；在温度高的地区也可11～12月种植。行距初期4米×5米，数年后间伐至8米×8米。莲雾繁殖方法有多种，有圈枝繁殖、插条繁殖、压条繁殖、种子繁殖和嫁接繁殖等。

1. 圈枝繁殖

　　选直径约3厘米、发育充实的枝条，先在基部进行长约3厘米环状剥皮后，用湿润土壤与草混合的泥团包在环状剥皮处和其上下两端，再用透明胶纸包扎，上下两端用尼龙绳紧缚。这种繁殖方法，需在每年5～9月高温多湿雨季进行。圈枝繁殖的枝茎，经过1个月左右，新根在剥皮处上端长出；约3个月后，新根长出很多，将生根部以下的新根剪断，即成独立的幼苗。先假植在苗圃继续培育，翌年春季定植田间。

2. 插条繁殖

　　插条是利用植物器官的再生能力来繁殖。方法是选2～3年生枝条，15～20厘米长，插入沙床2/3，注意遮阳保湿，1～2个月可生根。可于2～4月春植或8～9月秋植，在温度高的地区也可11～12月种植。行距初期4米×5米，数年后间伐至8米×8米。

3. 压条繁殖

压条，又称压枝，是把植株的枝条埋入湿润土中，或用其他保水物质（如苔藓）包裹枝条，创造湿润的生根条件；待其生根后与母株割离，使其成为新的独立的植株。其特点是脱离母体的营养器官，具有再生的能力，能在离体的部分长出不定根、不定芽，从而发展成为独立的植株；能够保持莲雾品种的优良性状，且繁殖速度较快。

4. 种子繁殖

莲雾种子少，直接用种子繁殖的莲雾树是实生树。不同品种的莲雾果实，有无种子或有种子的现象。红色锥形或梨形的果实无种子；淡红色果肉的品种常含有种子1~2粒；果肉为绿色的品种，通常有种子2~3粒。种子作为繁殖材料适宜繁殖的温度是28℃以上。种子是待莲雾果实充分成熟后采下，破除果肉取出种子，洗净，浮去不实粒，晾干，以塑料袋密封储存。

5. 嫁接繁殖

（1）嫁接工具的准备。手锯：在嫁接前确定砧木枝条的去留之后，将多余的枝条去除。如果是较细的枝干，可使用枝剪剪除；如果是较粗的枝干，则须用锯断的方法去除。然后，进行嫁接。

枝剪：是枝条修剪常用的工具，在进行枝条嫁接时，首先将砧木枝条修剪到所需的尺度；用于嫁接的芽条，剪成10~15厘米长的枝段备用。

嫁接刀：用于切削枝条，刀锋要快，通常切口一刀解决，最好不要反复削。

嫁接时将枝条横剪，剪口平；用嫁接刀在砧木横切口中央劈开楔口，同时将备做嫁接用的芽条事先准备好；然后将待接的芽条削成楔状插入砧木的楔口内并插紧，再用嫁接专用带包扎。

嫁接工具见图26。

简单的截枝待嫁接，接穗修剪准备见图27。

图26 简单的嫁接工具（梁广勤提供）

图27 截枝待嫁接（梁广勤提供）

（2）嫁接繁殖的方法。嫁接繁殖是以直径1厘米左右的实生苗做砧木，例如：黑珍珠莲雾接穗时，选1～3年生的充实枝条做接穗，一年四季都可以嫁接，但以春季嫁接的成活率较高。莲雾嫁接虽可全年进行，但经过有关专家实验表明，以3～5月和9～10月嫁接的成活率最高。嫁接时宜选择无北风的晴天进行。莲雾的嫁接，可采用插接、靠接和芽接等方法。

① 插接。将砧木截断，从砧木断面垂直劈开，然后在劈口处插入接穗，之后包扎即成。接穗要削成斧口状。

莲雾插接见图28、图29。

图28 莲雾插接（梁广勤提供）

图29　在四年树龄莲雾树上嫁接完成（梁广勤提供）

②靠接。在砧木的茎干一侧削开接口，将预先削好的芽片接入伤口处，然后包扎即可。

　③芽接。在砧木的茎干上，将树皮切成"丁"字形，然后将皮从切口掀开，将备好的芽接入即可。

　莲雾嫁接后，要注意保湿，不要动摇结合部。一般经过10～25天，嫁接成活即可发芽。看见发芽后的嫩芽时，不要急于剥除嫁接胶带，以免失水芽枯。因此，要特别注意待嫁接口充分愈合和芽健壮后再去除绑带。见图30、图31。

图30　莲雾嫁接3周后的嫩叶芽（梁广勤提供）

图31 嫁接2个月后的成株叶（梁广勤提供）

二、栽培

莲雾的栽培包括育苗、种植和栽培技术。

1. 育苗

莲雾育苗有3种方法，即高压、扦插、嫁接。高压要选3年生、生长健壮的枝条，在6~8月进行。扦插在5月进行，嫁接在4~11月进行。

2. 种植

（1）种植地的选择。莲雾忌干旱，生长环境以光照充足，日夜温差大，高温潮湿为好。因此，在选择莲雾种植地时，需要考虑其生物学特性及喜好。此外，莲雾对种植的土壤条件要求不严，微酸性或微碱性的土壤均可种植，pH为5.5～7.8的沙壤土或红壤土都适宜。

(2) 种植时期。莲雾在热带地区一年四季均可种植，在我国南方春季或秋季种植较适宜。春季种植期宜在3～5月，秋季种植期宜在9～10月。

合理密植，莲雾定植宜在春季，株行距4米×5米。挖大穴、下大肥、种大苗。穴要挖0.8米×0.8米，垃圾土杂肥每穴要施用30～50千克。苗木要求一级健康苗，每公顷种植200株左右，以后逐渐疏伐。

3.栽培技术

莲雾种植后，如遇无雨天气，每天要浇水1～2次，以保持根部土壤的湿润。维持浇水1周后可每隔2～3天浇水1次，促进树苗成活。

(1) 定型修剪。定植后留主干，在离地面60厘米处剪顶，新枝留3～4条。采果后对枝条进行整理，剪除病枝、枯枝、过密枝、徒长枝等。

(2) 肥水管理。莲雾需肥量大，需氮、磷、钾、钙、镁等大量元素和硼、钼、锌、锰、铁、铜等多种微量元素。前期多施氮肥、钾肥，花芽分化时不可多施氮肥，小果以后重施磷肥、钾肥。莲雾果实的含水量达90%以上，在枝梢、叶片、根茎中也达60%以上，所以莲雾需水量大。不能等到莲雾果树叶片出现卷皱才进行灌溉，此时果树已经严重缺水。在泰国的莲雾种植者，每天都给莲雾树浇灌足够的水。但在果实中后期接近成熟时，要相应地减少水量供应。在正常情况下，9～10月保持果园适度干旱，以利花芽分化，从花芽开始发育到中果期，必须保证充足水分，保持土壤湿润，预防落花和落果。

(3) 疏花疏果。莲雾开花多，坐果也多。5年生莲雾树正常的花穗一般在2 000穗以上，每穗的花蕊数一般为11～21个。如果坐果多，营养消耗大，直接影响果实品质。因此，疏除枝端花穗，保留大枝上有1～2对叶片的花穗。一般主张留200个穗，每穗的花蕊数只需留6～8个。

莲雾多花状见图32。

图32 花都俊丰果园种植的莲雾多花（已谢花）状（梁广勤提供）

（4）产期调节。为适应市场需求，可进行催花等处理，将产期调为12月至翌年4月，使莲雾从营养生长转入生殖生长。常用办法有灌水法、断根法、环剥法、曲枝法等。4月底，在主干上环割可有效保果，同时对夏梢的萌发起到抑制作用。环割，是在主茎基部环割韧皮部一圈，环割的宽度以2～3厘米为宜，将环割的树皮剥去并将伤口包扎以利愈合。

Production and Pests Control of
Syzygium samarangense

第四章　　病虫害及其防治

一、病害部分

1. 莲雾炭疽病

(1) 症状。主要为害果实，也可为害叶片和枝条。果实上为害初期表现为褪色小病斑，向内凹陷。病斑扩展的速度慢，病斑褐色水浸状，病斑上产生分生孢子；孢子聚集时，呈现粉红色或橙色，有时会出现同心轮纹；发病末期数个病斑连合，造成果实严重腐烂。枝条或叶片受害，枝条表皮由绿色转成褐色斑点；叶片组织坏死，呈灰白色，中央暗褐色，边缘褐色，其上偶有白色粉块，为病菌的分生孢子堆。见图33。

图33 莲雾炭疽病（吴佳教提供）

(2) 病原。为胶胞炭疽菌（*Colletotrichum gloeosporioides* Penz），属半知菌亚门黑盘孢目腔胞纲炭疽菌属真菌。有性世代为围小丛壳 [*Glomerella cingulata* (Stonem) Paukd et Schrenk]，属子囊菌亚门球壳菌目真菌。子囊壳近圆形，棕色至暗褐色，大小（158~205）微米×（111~174）微米；子囊棍棒形，无色透明，内含8个子囊孢子，大小（42~59.2）微米×（9.6~12.18）微米，子囊孢子单胞、肾形，无色透明，大小（12.8~16.6）微米×（5.8~6.4）微米。分生孢子着生在分生孢子梗顶端或菌丝末端，椭圆形或圆柱形，单胞，无色透明，内含物颗粒状，中间有1油滴，大小为（12.48~16.7）微米×（3.8~6.4）微米。

（3）传播途径。无性和有性世代，皆可为害莲雾。分生孢子借风雨传播，落到果实表面后，温湿度适宜时，孢子即发芽形成芽管侵入表皮，可感染任何发育期的果实。若果实成熟或近成熟，则很快在果实上形成病斑。未成熟果则至果实成熟后，潜伏的病菌才生长造成病斑。病果与无病果实，因互相靠近、通风不良或湿度高，病斑就会快速扩大，有利于分生孢子新的感染。子囊壳着生在枝条表皮、叶片、枯叶及落果上。子囊壳可在枯枝条或枯叶上残存越冬。子囊壳遇水释放子囊，再释放出子囊孢子，子囊孢子借雨水传播造成新的感染。莲雾果实受感染后易脱落，果实落到地上，成为越冬或新感染源。一旦环境适宜可再度侵入叶片及果实。

莲雾炭疽病的发病，最适宜的条件是高湿，温度在21～28℃的条件下，病菌传播快，并可在果园反复侵染发病。

（4）防治方法。一是加强田间管理，增施有机肥，增强树体的抗逆力；二是做好果园的清洁工作，及时处理果园内的枯枝落叶、落果，减少病原；三是幼果期每隔10～15天连续喷施杀菌剂2～3次。药剂可选择50%甲基托布津500～700倍液，或50%退菌特500倍液，或50%多菌灵500～800倍液等。

2. 莲雾黑腐病

（1）症状。主要为害果实及叶片，为害果实时，常先发生于果蒂。开始果皮褪去红色，呈水浸状，果肉颜色转淡，受害部位渐渐扩大。中后期病斑中央出现褐化，后期全果变黑。果实腐烂，长出小黑点，即病原菌的分生孢子器。叶片受害时，多发生于叶缘，产生不规则坏死病斑，病斑上有小黑点，即病原菌的分生孢子器。

（2）病原。为可可球二孢菌 [*Botydiplodia theobromae* Pat.，异名*Lasiodia theobromae* (Pat.) Criff.et Maubl.] 属半知菌亚门腔孢纲球壳孢目球二胞属真菌。有性世代为柑橘葡萄座腔菌 [*Botryosphaeria* *rhodina*（Cke.）Arx.] 属子囊菌葡萄座腔菌属。

分生孢子为纺锤形至椭圆形，双胞；初期孢子无色，后期转褐黑色，表面有纵纹，呈褐色。大小为（30～32）微米×（15～16）微米。

（3）传播途径。黑腐病菌由病斑表面释放出分生孢子，借风雨传播。本病原分生孢子可从植物组织的伤口或气孔等侵入。

（4）防治方法。须及时清园，可用56%特克多可湿性粉剂、50%多菌灵、75%百菌清及70%甲基托布津等药剂喷治。

3. 莲雾疫霉果腐病

（1）症状。主要为害果实，病情初期果实表皮褪色，红色或粉红色消失；病斑处渐成淡黄褐色，病斑不凹陷，具有酸味。病情后期果面出现白色菌丝，为疫霉菌丝及孢子囊，2～3天即可造成全果腐烂。

（2）病原。病原有2种，分别为棕榈疫霉 [*Phytophthora palmivora*（Butler）Butler] 和柑橘褐腐疫霉（*Phytophthora citricola* Sawada），均属鞭毛菌真菌亚门卵菌纲疫霉属真菌。

（3）传播途径。病菌可生存于土壤中并以厚垣孢子形态存在，遇雨水或灌溉水萌发，形成游动孢子囊；直接感染健果，也可由游动孢子侵入；游动孢子从游动孢子囊内释放，经由雨水飞溅到果实表面，再发芽侵入；也可借附着于果蝇的表面而被携带至果实上造成为害。施用有机肥牛粪可延长疫病菌在果园中的存活期限。

（4）防治方法。主要是加强果园管理，通风，控制果园湿度。可用70%甲基托布津、64%杀毒矾可湿性粉剂、70%甲霜灵、福美双可湿性粉剂、72%霜霉疫净可湿性粉剂进行防治，每隔10天防治一次，连续防治3～4次。

4. 莲雾根霉果腐病

（1）症状。病菌主要为害成熟果实，受害果初期表面会有白色菌丝，后期菌丝顶端产生黑色孢囊菌丝转灰黑色，黑色孢囊中可释放出大量黑色粉状孢囊孢子。受感染的果实容易落果。

（2）病原。根霉菌 *Rhizopus sp.* 接合菌亚门根霉属真菌。

（3）传播途径。病菌由果实表皮伤口侵入，引起受害组织变成灰褐色，并形成大量菌丝及孢囊，孢囊孢子借风力飞散传播。果园不通风，易引起该病蔓延。

（4）防治方法。加强果园管理，通风透气，及时进行化学防治。发病初期用72%农用硫酸链霉素可溶性粉剂4 000倍液，或47%加瑞农800倍液，或77%可杀得500倍液等进行喷雾防治，每隔7～10天喷1次，连喷2～3次。

5. 莲雾拟盘多毛孢果腐病

（1）症状。病菌主要为害果实，也可为害叶片。果实病斑逐渐扩大时，形成不规则紫红色凹陷斑；表面散生黑色圆形小点，即分生孢子堆。部分病果有皱缩裂开状，后期病果干枯皱缩，或垂挂树枝，或掉落地面。病菌为害叶片，形成不规则黄褐色病斑，后期有黑色小点散生于病斑表面。

（2）病原。毛孢盘霉菌（*Pestalotiopsis eugeniae* Thuem）为半知菌亚门不完全菌纲黑盘孢目拟盘多毛孢属真菌。

（3）传播途径。病菌主要感染果实的生理性裂开处或伤口处，并产生分生孢子盘，内生分生孢子。分生孢子盘内大部分埋在表皮组织内，仅有裂口稍突出表层细胞。分生孢子由裂口处脱离组织，经由雨水飞溅或昆虫等媒介传播，附着于植物体表面。如此时遇有水分湿润，则长出芽管，再度侵入植物，造成病害。

（4）防治方法。药剂防治可选用50%甲基托布津500～700倍液、50%退菌特500倍液，或50%多菌灵500～800倍液等进行防治。

6.莲雾拟盘多毛孢果软腐病

(1) 症状。病菌主要为害果实，初呈水渍状近圆形病斑，微凹陷，随后病斑迅速扩展，出现软腐，数个病斑联合造成严重腐烂。湿度大时病斑上有白色至灰白色霉层，后期出现许多散生、略呈轮纹状排列、微凸起的黑色小点。

(2) 病原。茶褐斑拟盘多毛孢 [*Pestalotiopsis guepinii* (Desm.) Stey]，为半知菌亚门不完全菌纲黑盘孢目拟盘多毛孢属真菌。25℃下 PDA培养基培养，菌落初呈白色，后灰白色；菌落平展，扩展迅速，培养基背面呈淡橙黄色；分生孢子盘杯状，黑色，散生，初埋生后外露。直径170～280 (284) 微米，分生孢子梗无色，分生孢子梭形，直或稍弯曲。4个真隔膜，隔膜处缢缩，两端细胞无色，中间3个细胞浅褐色，同色，大小为 (21.45～25.74) 微米×(5.72～7.15) 微米。顶端附属丝2～3根，以2根为多，端部钝，长18.59～25.7微米，基附属丝1根，长4.29～5.7微米。

(3) 传播途径。靠风雨传播侵染。

(4) 防治方法。主要是清园和喷药。发病初期可喷75%百菌清500倍液、50%福美双可湿性粉剂500倍液，或喷60%炭疽福美可湿性粉剂800倍液等药剂进行防治。

7.莲雾黄腐病

(1) 症状。为害果实和叶片。受感染果实，初期病斑褪色水渍状，病斑中央有褐色分布不规则，表皮出现皱纹；中期病斑边缘褪色更明显，且病斑边缘表面出现白色菌丝；菌丝带状，与病斑边缘相接，包围整个病斑，病斑中央渐转淡黄褐色凹陷。病斑会扩大至全果，或相互愈合。后期病斑表面出现带黄色及白色的表层，为病原菌的分生孢子梗及分生孢子。在叶片上形成褐色病斑，后期病斑表面出现白色如树状的菌丝，为病原菌分生孢子梗及分生孢子。

（2）病原。*Cylindrocladium* sp.属半知菌亚门真菌柱枝双孢霉属。菌丝透明无色，分生孢子梗常出现在气生菌丝表面，呈直立状态，分生孢子着生于呈栅状的分生孢子梗上。分生孢子无色、长杆状、两端呈椭圆形，成熟孢子为2胞，无色透明，大小为（42.5～50）微米×（5～6）微米。

（3）传播途径。病菌可在叶片上越夏，在果实上越冬，落果、病叶上的病菌分生孢子借风雨传播。

（4）防治方法。主要是清除残枝病叶，在嫩梢和果实接近成熟时施药，10～15天1次，连续2～3次。药剂可用70%甲基硫菌灵可湿性粉剂600～1 000倍液，80%代森锰锌可湿性粉剂600～800倍液等。

8. 莲雾干腐病

（1）症状。为害叶片及果实。果实初受感染时，果皮褪色，呈淡紫色，湿度高时病斑边缘出现白色菌丝。病斑中央渐出现黑色小点，由中央处向边缘成熟，即分生孢子器。感染中期整个果实呈褪色水浸状，表面布满黑色小点，后期全果呈黑色，表面有淡黄色粉末出现，为其分生孢子。在叶片上造成褐色病斑，上着生黑色小点，为病菌的分生孢子器。

（2）病原。*Dothiorella* sp.属半知菌亚门真菌小穴壳属。分生孢子透明无色、梭形，大小为22.5微米×（6.13～7.15）微米。

（3）防治方法。加强果园管理，多施有机肥，及时清理果园。可施用50～100倍的多菌灵、甲基托布津等药物。

9. 莲雾煤烟病

（1）症状。主要为害叶片及嫩枝条，偶尔为害果实。粉介壳虫或蓟马等小型昆虫为害莲雾果实后，在果柄处或果苞附近附着蜜露，病菌便在蜜露上扩展生长，形成一层黑色覆盖物。病菌在叶片表面形成一层黑色覆盖物，影响叶片的光合作用。发生严重时，莲雾生长受抑制，花芽或新芽抽出困难。

（2）病原。煤烟病由多种真菌共同作用引起。有煤炱菌*Capnodium mangiferae* P. Hennign、小煤炱菌 *Meliola mangferae* Earle，还有 *Aithaloderma clavatisperum* Syd.、*Asterinaeugeniae formosanae* Yamam、*Chaetothyrium echinulatum* Yamam、*C. sawadai* Yamam等。

（3）传播途径。本病原菌以蚜虫、蚧类、粉虱等昆虫的排泄物为营养，这些排泄物可引起植株发病。荫蔽和潮湿有利于该病发生。

（4）防治方法。做好对蚜虫、介壳虫和粉虱等的防除工作。对蚜虫、介壳虫可用10%吡虫啉可湿性粉剂2 000倍液、3%啶虫脒乳油120倍液、1.8%阿维菌素乳油2 000～3 000倍液喷治。对粉虱，可用80%敌敌畏乳油1 000倍液或2.5%溴氰菊酯乳油2 000倍液等喷治。

10. 莲雾黑星病

（1）症状。为害叶片及果实，受害果病斑常出现在果实底部，病斑处凹陷，中央黑色，外围近凹陷地方褪色，后期转为黑色，中央表面有淡粉白色小点，为病菌分生孢子。受害叶片初期呈现淡褐色病斑，后期呈深褐色，病斑表面生细小黑点，为病菌的分生孢子器。埋生在组织中央，仅顶端露出表皮。

（2）病原。*Phyllosticta* sp. 属腔孢纲球壳孢目叶点霉属。分生孢子无色透明，椭圆形，顶端有1附属丝。子囊孢子无色透明，纺锤形。

（3）传播途径。病原菌借风雨传播。本病发病适宜温度为24～28℃，相对湿度85%以上。

（4）防治方法。发病初期可喷75%百菌清可湿性粉剂500倍液、58%甲霜灵锰锌可湿性粉剂500倍液或4%杀毒矾可湿性粉剂500倍液。

11. 莲雾斑点病

（1）症状。受害莲雾果实初期表皮出现灰黑色小斑点，凹陷，果肉色泽不变淡，随后病斑扩大。相互愈合成不规则状大病斑，病斑边缘组织则由红色转成黄褐色，果皮表面出现灰黑霉状小点。

（2）病原。*Pseudocercospora*.sp.属半知菌亚门假尾孢属。分生孢子无色，细棒状，长形、多节，孢子底部有一脐痕。

（3）传播途径。病菌在病果、病叶上发生，靠风雨传播侵染为害。

（4）防治方法。发病初期喷50%多菌灵500倍液，或50%代森锌600~800倍液，或75%多菌灵600倍液。每隔10天喷1次，连续喷2~3次。

12.莲雾果腐病

（1）症状。主要为害果实。被害果初期形成水渍状，呈淡紫色小斑点。当病斑逐渐扩大时，则形成不规则紫红色凹陷斑，表面散生病原菌分生孢子堆，呈黑色小点状突起，果肉色泽逐渐变为淡黄褐色或淡紫色斑点，而后逐渐转变成深紫色或黑色。部分病果有皱缩裂开状，后期病果干枯皱缩，呈木乃伊状，或垂挂于树枝，或脱落地面。见图34。

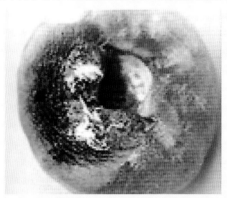

图34 莲雾果腐病（吴佳教提供）

（2）病原。无性世代为*Pestalotiopsis euginae*（Thuem），有性世代为 *Pestalophaeria* sp.

（3）传播途径。靠风雨传播侵染为害。

（4）防治方法。清洁果园，避免扩散感染，对园内寄主同时喷药。物理防治利用套袋阻隔病菌侵入，化学防治可用药剂包括代森锌、乙磷铝等。

13. 莲雾藻斑病

（1）**症状**。病害主要发生在叶片上，症状之一是发生在叶背面。为淡黄绿色，黄色斑周围透明，似油状光泽，后期呈灰绿色不定型斑。另一种为褐色病斑，在叶片上表面呈隆起的近圆形不规则褐斑，病斑表面突起，硬化，凹凸不平，有些病斑周围有黄色晕圈；叶片下表面也出现褐斑，斑点中间略凹，常造成叶片老化，提早脱落。

（2）**病原**。*Cephaleuros* sp.

（3）**传播途径**。病原菌借雨水溅射传播。

（4）**防治方法**。清理果园，使果园通风透光。使用药剂防治，可用0.5%石灰倍量式波尔多液，或47%加瑞农可湿性粉剂700倍液，或84%氧氯化铜悬浮剂800倍液，或0.2%硫酸铜1～2次，隔15天左右再喷1次。

14. 病害防治综述

（1）**田间防治**。注意田间卫生，清除并烧毁病果、落果及落叶，降低病原的密度。另外应注重果树整理，修剪病枝、徒长枝，使果树通风良好，以减少病害发生。利用竹竿架高或固定枝条，以防结果太低，使靠近地面的果实受病菌感染。

（2）**套袋防治**。套袋可阻隔病菌侵入，在套袋前应将幼果彻底喷施杀菌剂后再套袋。一般喷施56%特克多可湿性粉剂、50%多菌灵、75%百菌清、43%春雷霉素可湿性粉剂及70%甲基托布津等进行防治。

（3）**采后防治**。莲雾一般即采即销，果实在室温下只能存放1周。为了减少采后病害的发生，采收时尽量减少不必要的装卸及碰触，避免造成机械损伤。采收时自果蒂整串剪下，连同纸袋一起采下放入底部或边层有柔软衬垫物的盛器内。如果需要贮藏，一般采用12～15℃、低温冷藏与套袋（PE）的方法延缓和减轻病害的发生。

二、虫害部分

莲雾生长快，害虫种类也较多，特别是新抽发枝梢、嫩叶极易受害虫为害。据郑德剑介绍，常见的虫害主要有潜叶蛾、毒蛾、实蝇、金龟子、红蜘蛛、蚜虫、介壳虫、蓟马、盲蝽、尺蠖和天牛等。由于莲雾对农药特别敏感，在防治中，应特别注意农药的安全使用。

1. 棒角莲雾姬小蜂 *Anselmella malacia* Xiao & Huang

此虫发生在莲雾果实的虫瘿里，属膜翅目小蜂总科姬小蜂科 *Anselmella* 属。是三亚市检验检疫局的检疫人员在来自越南"双子星号"邮轮上的旅客从境外携带的莲雾中发现。

（1）寄主。蒲桃属（*Syzygium*）类水果。

（2）地理分布。马来西亚。

（3）形态特征。雌成虫体长2.2毫米。胸墨绿色，背部具金属光泽，体侧黄色；柄后腹黑褐色；触角除索节外，其余黄色；翅无色透明，翅脉黄褐色。头前面观具光泽和网状细刻点，头顶平；唇基表面光滑，下缘平截；口上沟明显；触角槽深陷，在中单眼前相接；下脸不在触角窝处向前突出。头背面观，单眼呈钝角排列（几乎在一条直线上）。触角棒状，鞭节9节，柄节长且超过头顶。相对测量数据：头宽与高之比是1.3∶1，头宽与长（背面观）之比是1.95∶1，头宽与口宽之比是2.44∶1，触角窝到唇基与触角窝到中单眼距离之比是2.43∶1，复眼高度与复眼长度之比是1.17∶1，头宽与复眼间距之比是1.91∶1，复眼的高度与颊眼距之比是2.66∶1，后单眼距和复眼单眼距之比是2.86∶1，复眼长与上颊之比是20∶1，柄节与梗节之比是2.5∶1，梗节与鞭节长度之和是头宽的1.33倍，鞭节宽与长之比是2∶1，第2环节宽和长之比是1∶1，第1索节宽和长之比是0.6∶1，第2索节宽和长之比是0.75∶1，第3索节宽和长之比是0.6∶1，第4索节宽和长之比是0.6∶1，棒节宽和长之比是1.3∶1。

胸部呈弧状凸起，长最多是宽的1.2倍。前胸背板低于中胸背片，但没有被完全覆盖。中胸盾中沟明显，沟状。小盾片稍微隆起、横沟缺失、中部光滑。并胸腹节短有光泽，中脊完整，侧褶缺失。足不是十分细长；足基节表面无毛；后足胫节具一刺。前翅具短的缘毛，前缘脉明显；透明斑大、伸至缘脉；前翅前半部几乎完全透明；痣脉长于前缘脉和后缘脉。柄后腹无腹柄，比胸部宽要窄，几乎与头胸部之和等长；柄后腹背面平坦；产卵器长于体长。相对测量数据：前胸背板宽与长之比是1.59∶1，小盾片宽与长之比是8∶1，亚缘脉与缘脉之比是14∶1，缘脉与后缘脉之比是2.3∶1，后缘脉与痣脉之比是0.2∶1，柄后腹扁平，长宽之比是1.5∶1。

棒角莲雾姬小蜂成虫见图35。

图35 棒角莲雾姬小蜂成虫（赵忠懿提供）

雄成虫，体长1.5～2.0毫米，体型略比雌虫小。虫体褐色，触角黑色；柄后腹长五角形，前翅有明显的刚毛；其他外部特征与雌虫相似。

(4) 为害特点。此害虫的幼虫是植食性，靠取食蒲桃属类的种子发育。成虫产卵于莲雾果实中，幼虫孵化后取食种子发育，形成一个看起来像核桃模样的虫瘿，幼虫在虫瘿内完成发育并化蛹。成虫羽化后自虫瘿外出，从内向外蛀食果肉，使莲雾失去食用价值。

莲雾果实为害状见图36。

虫瘿直径为15～30毫米，每个虫瘿上有20～200个蛀道，蛀道呈蠹状，蛀道深度2～3毫米，蛀道口直径约为1.0毫米。见图37。

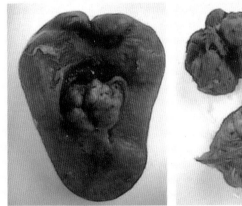 

图36 莲雾果实为害状（赵忠懿提供）　图37 棒角莲雾姬小蜂虫瘿（赵忠懿提供）

2. 米尔顿姬小蜂 *Anselmella miltoni* Girault

(1) 寄主。莲雾等蒲桃属植物。

(2) 地理分布。澳大利亚和中国。其中，中国的分布区域仅限于台湾。

(3) 形态特征。雌成虫，体长约2.0毫米，体黑色，具有金属光泽；胸部绿黄色，触角褐黑色，鞭节色略淡。足基节、转节、腿节黑色，胫节褐黄色，但第4跗节色较深。触角棒形，柄节较细长，其长为基节长的1.36倍。鞭节基部小，后逐渐膨大，末端极平，其长度为宽度的2.2倍。

第1环状节、第2环状节与第1索节长宽近等，是第2索节长为宽的0.9倍、第3索节长为宽的0.8倍、第4索节长为宽的0.72倍，梗节加鞭节长为头宽的1.16倍，棒节长为宽的2.23倍，头宽为长的1.06倍，头宽为口器宽的2.9倍；复眼高为长的1.16倍，头宽为复眼间距的1.75倍，复眼高为颚眼距的2.8倍；前胸背板较中胸背板低，但不被中胸背板覆盖；中胸盾沟完整，小盾片略凸，无斑纹；胸腹节短；前胸背板宽为长的12倍，中胸背板宽为长的1.05倍，小盾片宽为长的0.95倍，并胸腹节宽为长的8倍。前翅无色，透明，缘脉存在，具分散短细毛。前翅基半部大部分光裸，其他部分具细毛。痣脉长于缘脉。各脉长的比例分别是亚缘脉为缘脉的6.5倍，缘脉为后缘脉的4倍，后缘脉为痣脉的0.13倍。见图38。

图38 米尔顿姬小蜂（吴佳教提供）

雄成虫，体长2.2毫米，体黑色无光泽；触角基节，柄节褐黄色，其他节黑色。特征与雌成虫特征相似。

（4）为害特点。幼虫取食莲雾蒲桃属果实。果实受害后，果面形成针孔状，果内种子形成看似核桃模样的虫瘿，使受害果失去食用价值。米尔顿姬小蜂为害果实状见图39、图40。

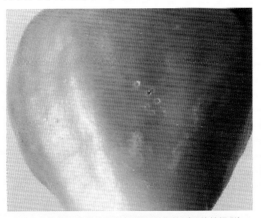

图39 米尔顿姬小蜂为害莲雾果实受害状（吴佳教提供）

图40 莲雾正常果（左）与米尔顿姬小蜂虫瘿果（右）（吴佳教提供）

3. 橘小实蝇 Bactrocera (Bactrocera) dorsalis (Hendel)

英文名：Oriental fruit fly

曾用名：柑橘小实蝇、东方果实蝇

（1）寄主。番石榴、芒果、香蕉、杨桃、辣椒、橙、番木瓜、李、番荔枝、番茄、莲雾、黄皮、杏、柑橘、君迁子、枇杷、乐园苹果、梨、西瓜、咖啡、无花果、九里香越桔、柚、山榄、刺果番荔枝、苏里南樱桃、橘、榄仁树、华兰西橙、阿开木、香蕉、西番莲、灯笼果、费约果、印度黑胡椒、猪李、亮叶金虎尾、马六甲莲雾、苏里南苦木、蒲桃、多水莲雾、悬星花、鳄梨、文定果、臭橘、柠檬等。

（2）地理分布。毛里求斯、美国、智利、澳大利亚、关岛、印度、斯里兰卡、尼泊尔、不丹、缅甸、泰国、老挝、越南、柬埔寨、中国等30多个国家和地区。其中，我国主要分布在海南、福建、湖南、广西、江西、云南、贵州、四川、香港、澳门和台湾等。

（3）形态特征。成虫头部颜面黄褐色，具黑色、圆形的颜面斑。中胸背板黑色，但缝后侧黄色条的下方及其之后、横沟缝周围、肩胛与背侧板胛内侧均为黄色，有些标本在小盾前鬃（prsc.）的周围有大褐色区，有时中胸背板几乎全为红褐色，肩胛和背侧板胛黄色，缝后侧黄色条两侧平行，终于上后翅上鬃（ia.）之后。小盾片黄色，具狭窄的黑色基带。足黄褐色，前足胫节浅褐色，后足胫节褐色。翅前缘带暗褐色，狭窄，终于R_{4+5}脉与M脉端部之间；肘条狭窄，暗褐色。腹部橙褐色，第1节背板色泽多变为橙色，其侧淡褐色；第2节背板具不规则的暗褐色至黑色的横带（此带不达侧缘），第3～5节背板的黑色斑纹有8种变化的类型。

雄虫在阳茎端膨大部分的膜透明状组织上着生有大量的透明刺状物，这些小刺平均长约为9.6微米，最长12.5微米，最短7.5微米。雌虫产卵器基节橙褐色，产卵管长1.4～1.6毫米。端尖并具4对端前刚毛（端对长于后对），产卵器中节可外翻，膜上刺长形，其上具小齿8～16个，大小约相等。见图41。

图41 橘小实蝇成虫（梁广勤提供）

（4）为害特点。雌成虫产卵于果皮下，幼虫孵化后钻入果内取食，使果实变质腐烂，不能食用。为害状见图42。

图42 橘小实蝇在番石榴果实上产卵为害状（梁广勤提供）

4. 番石榴实蝇 Bactrocera (Bactrocera) correcta (Bezzi)

英文名：Guava sruit fly

曾用名：突胫果实蝇

（1）寄主。番石榴、芒果、蒲桃、桃、莲雾、人心果、枣、热带扁桃、刺黄果、红果仔、柑橘类、中果咖啡、榄仁树、檀香、辣椒等。

（2）地理分布。印度、尼泊尔、巴基斯坦、斯里兰卡、泰国、美国。

（3）形态特征。成虫头部颜面斑1对，黑褐色。沿额沟向内伸展，在内中部几乎相接或以暗褐色带相连，形成一黑褐色横带。中胸背板黑色；两缝后侧黄色条宽，终于上后翅上鬃（ia.）之后；肩胛、背侧胛黄；小盾片黄色，基部具黑色横带。翅前缘带在R_3室处中断，在R_3室的下端和R_5室的上端形成一个狭窄褐斑，肘室黄色，无明显肘条。腹部黄褐色，第3节背板基部具一黑色横带，一狭窄的黑色中纵条从第3节背板基部伸至第5节的末端；背板第1节褐色至黑色，尤其是两侧；第2节背板沿后缘具一狭窄的中断的褐色或黑色的带。两性个体的腹板黄色，雄虫第3节背板具栉毛，第5腹板新月形，极少宽大于长，后缘具深凹，产卵器甚短，伸展后长约3毫米，产卵管渐尖，具亚端刚毛4对。体长和翅长为5.5～7.5毫米。番石榴实蝇成虫见图43。

图43 番石榴实蝇成虫（梁帆提供）

　　（4）为害特点。雌成虫产卵于果皮下，幼虫孵化后钻入果内取食，使果实变质腐烂，不能食用。

5. 杨桃实蝇 *Bactrocera（Bactrocera）carambolae* Drew & Hancock

　　（1）寄主。寄主的范围很广，其中主要有杨桃、芒果、番石榴和莲雾等。

　　（2）地理分布。泰国南部、马来半岛、新加坡、加里曼丹岛、印度尼西亚、印度、文莱、苏里南巴西和圭亚那。

（3）形态特征。成虫头部颜面黄褐色，颜面斑中等大，黑色卵圆形。中胸背板灰黑色，但缝后侧黄色条的下方及其之后、横缝周围、肩胛与背侧板胛间及肩胛内侧均为褐色，后背片的后方1/3为黑色；缝后侧黄色条宽且两侧平行并终于上后翅上鬃（ia.）之后。小盾片黄色具狭窄的黑色基带。足腿节大部黄褐色，但前足腿节具1卵圆形暗褐色端斑（有些标本如此），胫节深褐色。翅透明，前缘带狭窄，暗褐色，略宽出R_{2+3}脉并沿R_{4+5}脉端部略横扩展（常沿R_{4+5}略反曲）；肘条狭窄，暗褐色，不达后缘。腹部橙褐色，第1节背板多为橙褐色，其侧淡褐色或全为黑褐色；第2节背板具1条不规则的暗褐色至黑褐色的横带（不达侧缘），前缘有1条黑色狭纵条；第3节背板具1条不规则的暗褐色至黑褐色的横带（不达侧缘），前缘有1条黑色狭纵条；第3节背板的前半部有一黑色宽横带；第3～5节背板中纵条较宽；第5节背板具1对卵圆形亮斑。雄虫第3节背板具栉毛。雌虫产卵器基节棕黄色，其长与第5节背板的长度之比为1∶1，中节可外翻，膜近端鞘状有8～15个大小约一致的齿。产卵管长1.4～1.6 毫米，末端尖锐，具长、短亚端刚毛各2对。杨桃实蝇成虫见图44。

图44 杨桃实蝇成虫（赵菊鹏提供）

（4）为害特点。雌成虫产卵于果皮下，幼虫孵化后钻入果内取食，使果实变质腐烂，不能食用。

6. 莲雾蛀果蛾 *Meridarchi sscyrodes* Meyrick

本种为鳞翅目 Lepidoptera，蛀果蛾科 Carposinidae。

（1）寄主。寄主有莲雾、枣、番石榴；莲雾蛀果蛾在泰国是为害莲雾的一种经济性害虫。

（2）地理分布。印度、泰国和东南亚的一些地区。

（3）形态特征。卵：卵扁平，椭圆形，半透明状，宽约0.1 毫米，长约0.15 毫米。

幼虫：刚孵化的幼虫呈乳白色，取食后逐渐变为略带桃色，老熟幼虫为微红色。该虫只在幼虫期取食为害作物。莲雾蛀果蛾幼虫见图45。

图45 莲雾蛀果蛾幼虫（引自泰国农业部）

蛹：蛹细长、深褐色，宽约3毫米，长约15毫米。蛹一般存在于表土下2厘米的土壤中或果树周围的落叶中。蛹期约为7天。

成虫：成虫为浅灰色的小蛾子。 雌虫在泰国莲雾产区4～8月发生。

莲雾蛀果蛾产卵为害见图46、图47。

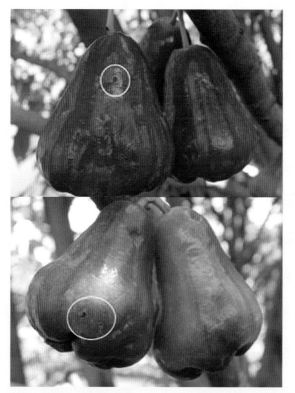

图46 莲雾蛀果蛾产卵为害状（引自泰国农业部）

图47 莲雾蛀果蛾为害状（引自泰国农业部）

（4）防治方法。推荐使用除虫脲（25%WP除虫脲），使用浓度均为0.15%。在初现花蕾时及花盛开前，需打药1次。此外，在挂果后到果实套袋前，需打药2～3次。

7. 红蜡蚧 *Ceroplastes rubens* Maskell

异名：*Ceroplastes minor* Maskell，*Ceroplastes myricae* Green.

英文名：Red wax scale，Pink wax scale.

曾用名：脐状红蜡蚧、橘红蜡介壳虫

（1）寄主。柑橘属（柠檬、葡萄柚、橘、橙等）、香蕉、番石榴、芒果、柿、枇杷、莲雾、椰子、梅、番荔枝、鳄梨、无花果、腰果、石榴、李属、木瓜属、月季、佛手、桂花等。

（2）地理分布。美国、澳大利亚、埃及、马来西亚、日本、印度、中国等50多个国家和地区。

（3）形态特征。成虫蚧壳半球形，暗红至红褐色。边缘上卷，两侧气门区及头、尾区翻起，使整体背观几呈六边形，上包半球形背壳。背壳顶凹，凹内常有干蜡帽脱落后的白斑，从此呈放射状发出，使背壳分为5～6块。缘卷上有蜡芒，两侧各有1个，端呈双叉状；头部3个；体侧的白色气门处各有1个，后侧每边2个。

（4）为害特点。为害嫩枝、叶和果实。常造成树势变弱，叶片发黄；蚧虫分泌蜜露煤烟病。见图48。

蚧体 　　　　　　　　　　　为害状

图48 红蜡蚧（吴佳教提供）

8. 绿软蜡蚧 *Coccus viridis* Green

异名：*Coccus africanum* Newst, *Eulecanium viridis*, *Lecanium viride*.

英文名：Green scale, Green shield scale, Green coffee scale.

曾用名：刷毛绿软蜡蚧

（1）寄主。柑橘属（酸橙、柑橘、柚、柠檬、橘）、菠萝、黄皮、荔枝、芒果、人心果、番石榴、槟榔、鳄梨、石榴、莲雾、番荔枝等。

（2）地理分布。美国、墨西哥、澳大利亚、巴西、秘鲁、荷兰、马来西亚、日本、新加坡、印度、越南、中国等110多个国家和地区。

（3）形态特征。雌成虫，鲜活时呈椭圆形，淡绿色，稍透明。扁平或略突，体背透出U形黑斑；眼点清晰。体长1.5～3.7毫米。体背膜质或略硬化，有圆形或椭圆形亮斑。背刺柱状或棒槌状，散布。亚缘瘤4～11个；无环状腺，但亮斑中常有1个小管腺；每块肛板有2根腹脊毛及4根端毛；腹面膜质；触角7节，触角间毛5～7根。足发达，胫节、跗关节硬化；大杯状管带横贯中足间、后足间和第1腹板中区，在前足基节内侧或有少数。多格腺仅7格，分布在全腹节上。体缘毛短刷状，前后气门洼间6～16根。气门刺长为侧次长的2倍，均粗大。见图49。

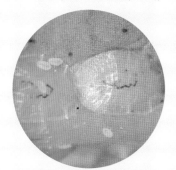

图49 绿软蜡蚧（吴佳教提供）

（4）为害特点。为害嫩枝、叶和果实，常造成树势变弱，叶片发黄，蚧虫分泌蜜露煤烟病。

9. 橡副珠蜡蚧 *Parasaissetia nigra*（Nietner）

曾用名：橡胶盔蚧、乌黑副盔蚧

（1）寄主。槟榔、柑橘、无花果、香蕉、番石榴、莲雾、梨、苹果、波罗蜜、人心果、番荔枝、椰子、桑、咖啡、茶、棕榈、榕树、夹竹桃等。

（2）地理分布。日本、印度、斯里兰卡、马来西亚、菲律宾、以色列、埃及、西班牙、澳大利亚、美国、秘鲁、洪都拉斯、南非、巴基斯坦等国家和地区，我国主要分布在海南、广东、福建、云南和台湾等地。

（3）形态特征。雌成虫体长2～5毫米，椭圆形，略突，有时不对称。年轻个体黄色，有时有褐、红斑，产卵时变成富有光泽的暗褐至紫黑色。在枝上寄生者常为长椭圆形，叶上寄生者多为圆形。老死个体暗褐色至黑色而有光泽，背有"H"纹，体皮多角形密集网状，而体缘则有1单列方形的白蜡板，背面另有5纵列的小蜡板。触角7～8节，7节时第4、第5节合并。足细长，分节正常，胫节和跗节不硬化，胫节稍长于跗节。爪下无齿，爪冠毛粗大而端膨。气门路上五格腺22～34个，组成不规则2列。气门洼不显，每洼3刺，中刺3～4倍长于侧刺。肛环6毛，肛筒缘毛2～3对。多格腺阴区多，其他腹部腹板上多在后足基至阴区呈弧状分布。体背亚缘瘤4～5对。肛前孔1群，背刺槌状，体背亚缘区还有"8"字形暗框孔散布。杯状腺在体腹面亚缘区成宽带，"8"字形暗框孔散布亚缘区。触角间毛和阴前毛各3对。缘毛、亚缘毛各1对，前者刷状，一般毛距为长毛的1倍，少数为2～3倍。肛毛三角形，前缘较后缘略短，亚缘毛2根，端毛2根，腹背毛4根。

（4）为害特点。吸食叶片、枝梢和果实汁液。

10. 黄片盾蚧 *Parlatoria proteus*（Curtis）

异名：*Aspidiotus protens*，*Diaspis momserrati*，*D. parlatoria*，*Parlatorea monserrati*，*P. oebicularis*，*P. selenipedii*，*Syngenaspis proteus*.

英文名：Cattleya scale

（1）寄主。柑橘属（酸橙、柚、柑橘、橙）、椰子、莲雾、苹果、芒果、香蕉、柿属、桃属、李属、葡萄、槟榔、巴豆、榕树、兰花、芦荟、万年青、虎尾兰、茶、山茶、松、罗汉松和苏铁等。

（2）地理分布。古巴、美国、墨西哥、澳大利亚、阿根廷、巴西、秘鲁、波兰、俄罗斯、意大利、菲律宾、马来西亚、日本、印度、印度尼西亚和中国等热带和亚热带地区。

（3）形态特征。雌虫蚧壳：长椭圆形，长约1.5毫米。棕黄或黄褐色，近边缘白色而略显透明，微突起，质地薄而弱。壳点2个，椭圆形，位于前方。第1壳点暗红色，有1/3伸出在第2壳点外；第2壳点黄色或褐色，占全壳之半。

雄虫蚧壳：狭长，长约0.8毫米，白色或淡褐色。壳点1个，位于前端，卵形，黄色、黑绿色、褐色或黑色。虫体淡黄色，触角和足发达，翅1对。

雌成虫：体卵形或椭圆形，长约0.8毫米，紫色。臀叶3对发达，形状均相似，端部均有内外侧凹缺；第1叶至第3叶渐次减少，第4叶似臀栉状。臀栉刷状，排列正常。背腺小，存在于头部至第8腹节的亚缘部及缘部，不成列；第5～7腹节亚中群每侧各有1列，每列1～3腺。缘腺大于背腺，存在于中叶间至第3叶间，每叶间各1个，3～4叶间各2个。

若虫：初孵化时橙色，触角和足均发达。

（4）为害特点。主要附着于叶面或果实上为害。受害部位凹陷，其周围失去绿色，严重时可诱发煤烟病，导致叶片枯黄，提前脱落。见图50。

蚧体　　　　　　　　　　　　为害状

图50 黄片盾蚧（吴佳教提供）

11. 杰克贝尔氏粉蚧 *Pseudococcus jackbeardlseyi* Gimpel & Miller

异名：*Pseudococcus elisea* Borchsenius

英文名：Jack Beardsley mealybug

（1）寄主。榴莲、芒果、莲雾、番荔枝、番石榴、红毛丹、南瓜、咖啡、可可等多种水果。

（2）地理分布。加罗林群岛、夏威夷群岛、加拿大、美国、墨西哥、文莱、泰国、印度尼西亚、马尔代夫、菲律宾、马来西亚、新加坡、越南、中国台湾、阿鲁巴、巴哈马、伯利兹、巴西、巴巴多斯、哥伦比亚、哥斯达黎加、古巴、多米尼加共和国、加拉帕戈斯群岛、危地马拉、洪都拉斯、海地、牙买加、马提尼克岛、巴拿马、波多黎各与维克斯岛、萨尔瓦多、特立尼达和多巴哥、委内瑞拉、美属维尔京群岛等国家或地区。中国大陆目前无分布报道。

（3）形态特征。雌虫体呈宽卵形；触角8节；足发育良好，后足基节无透明孔，腿节和胫节后部表面有大量透明孔；腹眼边缘骨化，其上着生大约6个单孔腺。刺孔群17对，头部刺孔群具3～5根锥刺；臀瓣刺孔群具2根钝圆的锥刺和大量三格腺，锥刺和三格腺着生于骨化区上；其余刺孔群具2根小于臀瓣刺孔群的锥刺（C7通常为3根），2～3根附毛和1群三格腺，锥刺、附毛和三格腺均着生于膜质区（C17有时会着生于弱的骨化区上）。

背面具短硬毛，多数长度在8～20微米，第8腹节背毛长约25微米。三格腺分布均匀。蕈腺着生于额刺群后部、胸部的亚缘和亚中区、腹部亚中区及腹部中线附近，总数通常为14～27个；每个蕈腺的蕈体附近具1～2根短毛和1～2个单孔腺。在臀瓣和倒数第2对刺孔群之间体缘还常有数个口径与三格腺相近或稍宽的管腺。

腹面常有细长的纤毛；多格腺分布于腹部腹面阴门后方，第5～7

腹节后缘中区排成单或双横列，第4 腹节及第5～7腹节前缘也有少量分布。�“腺与背部相似，分布于胸部和腹部，每侧大约6个。管腺具3 种类型：大者与背面相同，无窄的缘片，散布在臀瓣至触角基部之间的体缘，管口附近有时有1个单孔腺；中者分布于第3～8腹节多格腺前方；小者数量较少，分布于腹部各节中区，胸部中区稀有分布。

（4）为害特点。在寄主植物上寄生取食，虫体内分泌的蜜露诱发真菌繁殖，加重寄主植物的受害。见图51。

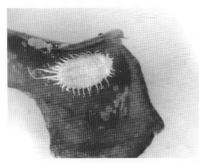

蚧体　　　　　　　　为害状
图51 杰克贝尔氏粉蚧（吴佳教提供）

12. 橘黑刺粉蚧 *Aleurocanthus spiniferus*（Quaintance）

异名：*Aleurocanthus citricolus*，*A.rosae*，*A.woglumi*，*Aleurodes citricola*，*A.spinifera*.

英文名：Citrus spiny white fly, Orange spiny whitefly, Citrrus blackfly, Citrus mealywing.

曾用名：刺粉蚧、黑刺粉蚧

（1）寄主。柑橘属、苹果、梨、葡萄、枇杷、柿、芒果、番石榴、木瓜、番荔枝、莲雾、石榴、咖啡、人心果、茶、蔷薇等。

（2）地理分布。美国、澳大利亚、尼日利亚、南非、印度、印度尼西亚、日本、韩国、马来西亚、巴基斯坦、菲律宾、泰国、越南、中国等30多个国家和地区。

（3）形态特征。成虫：雌成虫体长1.3～1.8毫米，雄成虫体长1.4毫米。腹部橙黄色，薄敷白色粉状物；前翅褐紫色，有6～7个白斑，后翅淡紫褐色。

卵：长椭圆形，长0.2～0.3毫米。顶端较尖，基部钝圆，通过卵柄插在叶片上。卵初产时为乳白色，后逐渐变为淡黄色、橙红色，或紫褐色。

若虫：共4龄，呈椭圆形。初孵及刚脱皮后的若虫无色透明，随着发育逐渐变为黑色，有光泽。1龄若虫体长0.25～0.35毫米，体背有6根浅色刺毛。2龄若虫胸部分节不明显，腹部分节明显，体背具长短刺毛9对。3龄若虫体长约0.6毫米，雌虫、雄虫体长大小有显著差异，雄虫略细小；腹部前分节不明显，但胸节分节明显；体背具长短刺毛14对。各龄若虫均在体躯周围慢慢分泌1圈白色蜡质，且随虫龄增大，白色蜡质增多。

蛹：伪蛹，为4龄若虫后期的1个虫态，近椭圆形。雌蛹体长0.9～1.3毫米，雄蛹体长0.7～1.1毫米。蛹体黑色有光泽，边缘呈锯齿状，周围有较宽的白色蜡质，背部显著隆起，背盘区胸部有长短刺毛9对，腹部10对，蛹体边缘雌蛹有长短刺毛11对，雄蛹10对。见图52。

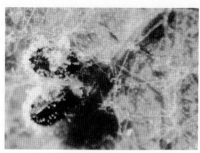
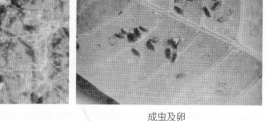

若虫　　　　　　　　　　　成虫及卵

图52　橘黑刺粉虱（吴佳教提供）

（4）为害特点。以成虫和若虫刺吸叶、果实和嫩枝的汁液，还可诱发煤烟病。

13. 腹钩蓟马 *Rhipiphorothrips cruentatus* Hood

异名：*Rhipiphorothrips karma* Ramakrishna

英文名：Wax apple thrips, Grape thrip, Brapevine thrip, Rose leaf thrip, Mango thrip.

曾用名：莲雾腹钩蓟马

（1）寄主。柑橘类（柚、柠檬、甜橙）、番荔枝、芒果、杨桃、番石榴、橄榄、葡萄、柿、莲雾、蒲桃、龙眼、荔枝、油梨、梨、杏、李、石榴、番茄、腰果、枸杞、玫瑰等。

（2）地理分布。印度、斯里兰卡、阿富汗、印度尼西亚、菲律宾、巴基斯坦、孟加拉国、缅甸、阿曼、泰国和中国等国家和地区。

（3）形态特征。雌成虫：体长约1.4毫米，暗褐色，复眼褐色。触角8节，较细，节Ⅱ～Ⅵ有横纹，无横排微毛，普通刚毛少而小，节Ⅲ长为宽的3.0倍，各感觉锥均简单。节Ⅰ～Ⅴ以及节Ⅵ基半部为黄色，节Ⅶ端半部及节Ⅶ～Ⅷ为棕色。前翅细长，白色或淡黄色，但基部淡棕色，翅瓣暗棕色，脉黄色。足黄色。中胸背片宽，前侧缘1/3膨胀，气孔增大。中胸盾片后侧角向外延伸，皱纹强，沿中线完全纵裂，鬃微小，长3微米。后胸盾片强皱纹形成倒三角区，侧缘粗，后角延伸到后小盾片上；其两侧网纹细弱，鬃微小。后胸小盾片横，有线纹。中胸前小腹片后缘延伸物较细。后胸内叉骨不甚向前伸展。腹部节Ⅰ～Ⅸ背片脊线粗；背片节Ⅰ中部有轻网纹，两侧缘有皱纹；节Ⅱ～Ⅶ两侧1/3、节Ⅶ和节Ⅸ两侧缘有强皱纹，中部网纹区前几节低平，节Ⅶ和节Ⅷ呈凹槽状。

雄成虫：刻纹和毛序相似于雌虫，但鬃长25微米，腹节片Ⅱ～Ⅹ具细弱网纹；节Ⅱ～Ⅷ前缘线细，后缘鬃微小；长2～3微米。体色也有所不同。前胸黄棕色，腹部两侧红橙色；腹部节Ⅳ后侧缘有齿状突起。

卵：豆形，长0.26毫米，宽0.12毫米。

若虫：若虫期4龄，第3、第4龄若虫为前蛹及蛹；若虫胸部淡黄色，腹部橙红色；腹末具丛状刚毛，常顶着排泄物在其腹部末呈球状；前蛹期触角缩短，并开始长出翅芽；蛹期触角倒挂于背方，翅芽明显。见图53。

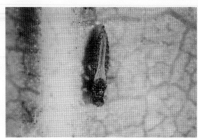

成虫　　　　　　　　　　　　　　　为害状

图53 腹钩蓟马（吴佳教提供）

（4）为害特点。以聚集寄主植物叶背为害为主，吸食汁液，也可为害果实。该种害虫为害莲雾叶片后，使叶片呈现斑点，严重时可致叶片枯死。

14. 茶黄蓟马 *Scirtothrips dorsalis* Hood

异名：*Anaphothrips andreae*. *Heliothrips minutissinus*, *Neophysopus fragariae*，*Scirtothrips andreae*，*S. fragariae*，*S. minutissimus*，*S. padmae*.

英文名：Yellow tea thrips, Small yellow thrip, Yellow thrip, Chili thrips, Castor thrips.

曾用名：小黄蓟马、姬黄蓟马等

（1）寄主。杨桃、葡萄、芒果、柑橘、柚、柿、莲雾、无花果、龙眼、荔枝、酪梨、桃、李、枣、香蕉、草莓、番荔枝、茶树、牛筋果、相思、花生、芦苇、洋葱、腰果、红辣椒、棉花、番茄、烟草、蓖麻、玫瑰和茉莉等。

（2）地理分布。南非、美国、澳大利亚、日本、韩国、马来西亚、泰国、菲律宾、印度和中国等18个国家和地区。

（3）形态特征。雌成虫：体长0.9毫米，但触角和翅较暗。触角节
Ⅰ黄色，节Ⅱ～Ⅴ最基部色淡；复眼黑色，单眼红色半月形；前翅橙黄
带灰色近基部似有一小淡色区；足黄色；腹部节Ⅲ～Ⅷ背片中部有灰暗
斑，另有暗前脊线；体鬃暗；触角8节，节Ⅱ粗，节Ⅲ基部有梗，节Ⅳ
基部较细，节Ⅲ和节Ⅳ端部较细；节Ⅲ和节Ⅳ叉状感觉锥，口锥端部宽
圆。背片布满横细纹，中、后部两侧有无纹光滑区。中胸盾片布满横线
纹；后胸盾片有网纹和线纹，中部两侧较弱。中后胸内叉骨刺较长。前
足较粗短。腹部3～8节具黑带，腹部末端呈圆锥形，产卵管黑色，向下
弯曲。腹部节Ⅰ背片有细横纹，节Ⅱ～Ⅷ背片两侧1/3有密排微毛，通
常有10排，约占该节的2/3，节Ⅷ后缘梳完整。见图54。

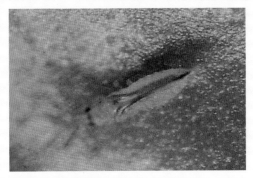

图54 茶黄蓟马成虫（吴佳教提供）

雄成虫：雄虫略小，体长0.7～0.8毫米。

卵：乳白色，蚕豆形，卵长平均0.2毫米。

若虫：1龄若虫体呈白色半透明，体长0.3～0.5毫米，复眼红色；2
龄若虫体呈黄色，体长0.5～0.8毫米，复眼黑褐色。

蛹：前蛹触角可活动，脱皮后成为蛹。触角橘红色，复眼暗红色，
足与翅芽均透明，翅芽成长后脱皮成为成虫。

（4）为害特点。雌虫发生于花末期及新梢期，主要为害花穗幼果及
嫩叶。

15. 红带网纹蓟马 *Selnothrips rubrocinctus*（Giard）

曾用名：红带滑胸针蓟马

（1）寄主。柑橘、沙梨、柿、芒果、葡萄、蒲桃、莲雾、樱桃、番石榴、桃、荔枝、龙眼、橄榄、酸枣、酪梨、山茶、橡胶、油桐、泡桐、梧桐、枫、板栗、乌桕、咖啡、可可、油茶、相思、漆、台湾赤杨、郁金香、蔷薇和杜鹃等。

（2）地理分布。中国（广东、广西、海南、云南、福建、湖南、江西、贵州、江苏、上海、四川和台湾等地）。

（3）形态特征。成虫：体长1.1～1.3毫米、宽0.4毫米，黑色有光泽。触角8节，翅暗灰色。雌虫腹部膨大，雄虫腹部细长。见图55。

卵：肾形，无色透明，0.11～0.2毫米。

若虫：初孵若虫无色透明。成长若虫0.9～1.2毫米，体橙红色；第1腹节后缘和第2腹节背面鲜红色，呈明显红色横带，以此特征得名。腹端黑色，有6条黑色刺毛。

蛹：前蛹体色与若虫同，但翅芽显现，仅达第2～3腹节，腹端淡褐色，无黑刺毛，体长1～1.2毫米。伪蛹体色，体长同前蛹。翅芽长达第4至第5腹节，近羽化前体色转为暗褐色至黑褐色。

（4）为害特点。多在已充分展开的淡绿色嫩叶上吸食为害，叶上产卵点表皮隆起，绿叶变褐色，甚至枯焦。

图55 红带网纹蓟马成虫（吴佳教提供）

Production and Pests Control of
Syzygium samarangense

第五章　　莲雾的贸易

一、莲雾果实的经济价值

1. 食用价值

莲雾果实色泽鲜艳，外形美观，果品汁多味美，营养丰富。含少量蛋白质、脂肪、矿物质，不但风味特殊，还能清凉解渴。同时，莲雾还具有开胃、爽口、利尿、清热以及安神等食疗功能；以鲜食为主，也可盐渍、制罐及脱水蜜饯或果汁，也可当菜炒肉丝、炒鱿鱼。故莲雾对人体有较高的营养保健功能。

莲雾果实有中空（也有实心的），状如蜡丸，在宴会席上人们还喜欢用它做冷盘，是解酒佳果。作为加工食品，在莲雾中心挖个洞，塞进肉茸，用猛火蒸约10多分钟，这是我国台湾著名的传统美食，美其名曰"四海同心"。用莲雾切片放盐水中浸泡一段时间，然后连同小黄瓜、胡萝卜片同炒，不但色、形、味俱佳，而且清脆可口，是一道不可多得的夏令食疗佳肴。

莲雾果实含水分高，果肉细嫩，是一种不耐储藏的热带水果。根据观察，新鲜莲雾果一般室温下储存期夏天短而冬天长，大约可存放10天左右。由于莲雾鲜果不耐储藏，因此，果实采收包装后的当天或次日即送往市场或其他地区。

2. 营养价值

莲雾富含丰富的维生素C、维生素B_2、维生素B_6、钙、镁、硼、锰、铁、铜、锌、钼等微量元素。据分析测定，每百克莲雾鲜果的果肉中，水分含量为90.75克、总糖含量为7.68克、蛋白质含量为0.69克、维生素C含量为7.807毫克，每千克莲雾鲜果中有机酸含量为0.205毫克、果皮花青素含量为0.073毫克。

3. 药用价值

中医药学认为莲雾性平味甜，能润肺、止咳、除痰、凉血、收敛。在中医食疗理论上，将莲雾煮冰糖食用能止咳除痰，而将莲雾抹上微量食盐食用可治消化不良。

莲雾带有特殊的香味，是天然的解热剂。由于含有较多水分，在食疗上有解热、利尿、宁心安神的作用。

解毒：含有维生素C，有助于肝脏解毒，消除体内有害物质，使身体健康。

利尿：能清除体内毒素和多余的水分，促进血液和水分新陈代谢，有利尿、消水肿作用。

宁心安神：镁和钙共同作用可放松肌肉和神经，从而使身心放松，避免紧张不安、焦躁易怒，帮助入睡。碳水化合物可以补充大脑消耗的葡萄糖，缓解脑部因葡萄糖供应不足而导致机体出现的疲惫、易怒、头晕、失眠、夜间出汗、注意力涣散、健忘、极度口渴等现象，起到镇静安神的作用。

小儿出现消化不良时，用莲雾伴少许食盐食用，有帮助消化的作用，成人食用有生津止渴的作用。

莲雾是微碱性水果，可调节人胃肠的酸碱度。

适宜人群：适宜在太阳下作业的人群以及水肿人群食用，同时也是一种风味独特的水果，老少皆宜。

莲雾根主治小便不利、皮肤湿痒。

二、莲雾的有害生物防治

1. 莲雾果园的管理

这里所指的果园管理，着重解决的是预防和控制果园中有害生物的发生，避免和减轻有害生物对莲雾的危害问题。针对橘小实蝇，果农可以应用橘小实蝇引诱剂Methyl eugenol（简称Me）在果园进行诱杀；同时根据果园的虫情，尤其是果实收获前期喷洒杀虫剂，以便将果园的有害生物发生数量降低。

在果园喷洒杀虫剂不是长远之计，果实快收获时，不允许使用杀虫剂。一年四季都可以应用实蝇引诱剂。使用引诱剂诱杀实蝇成虫，其优点是果实品质不受影响，果实不存在农药残留的问题，是一种无公害的防虫和杀虫措施。以使用史丁诺（steiner）诱捕器诱捕实蝇为例，1公顷果园挂放30个诱捕器（1亩果园挂2个），长期挂长期诱捕，如果能连续挂2~3年，实蝇会少很多，实蝇发生量将大幅下降。另外，用实蝇引诱剂诱捕实蝇，还可以了解和掌握果园中实蝇发生的虫情。例如：在当地果园一年中的最早的发生期、最早出现的生产季节、一年中实蝇成虫的发生高峰期的生产季节，以及每个月实蝇发生的数量变化。了解这些可帮助果园管理者有针对性地采取有效的防虫措施等。

（1）清洁果园。莲雾果园的清洁对有效防控有害生物具有重要的作用。由于莲雾开花多、结果多，其花果又特别容易脱落，因此，果园地面经常会积聚不少的落花、落果。有些落果是植物本身的生理原因，有些是因为受到病虫害的感染。落花、落果具有潜在病虫害发生和再次感染的危险性。因此，清园是必不可少的果园管理措施。收集和处理地面落果，可有效起到防虫、防病的作用。见图56。

（2）果实套袋防虫。世界各地的果农或农场场主，为了预防一些有害生物对果实的侵害，尤其是预防实蝇的为害，很多果农采用防虫袋套果的办法解决虫害问题。在莲雾果园、番石榴果园、芒果果园甚至荔枝果园，都可以看到用白色果实防虫袋套果的景象。所谓果实防虫套袋，是为防避某类或某种昆虫对果实的侵害，而特制一种套在果实上的果实防虫袋。这种袋的用材，必须是既可防虫又不影响果实品质，这种防虫方法在世界各地已经被广泛应用。用于防虫套果的果实

图56 莲雾果园地面落果（梁广勤提供）

防虫袋，袋的材质、袋的规格都必须经过严格的防虫和对果实品质影响的测试，确定符合要求之后才能在果园应用。然而，在不同的果园人们可以看到五花八门的"防虫袋"，有用旧报纸做的、有用棉纺布材料做的、有用涂杀虫剂的纸做的、也有在市场随意购买的小型食品袋，等等。

广东检验检疫技术中心植物检疫实验室的赵菊鹏等与广州市花都区农业技术管理中心共同研究和测试了一种既可防虫又不影响果质的塑料防虫袋。测试应用了PO、PE和PP塑料薄膜，测试的薄膜厚度有CK（8微米）、1.0C（10微米）、1.5C（15微米）、2C（20微米）、3C（30微米）、3.5C（35微米）、4C（40微米）和5C（50微米），用上述不同塑料类型和不同厚度规格，制作薄膜包裹诱发实蝇产卵的引诱物。诱发实蝇产卵的引诱物是橘小实蝇喜食的寄主橙，以此引诱实蝇成虫产卵。包裹好的引诱物置于饲养约有2 000头性成熟的两性实蝇成虫的养虫箱内，让雌成虫产卵2~4小时，然后将该引诱物从养虫箱内取出，于显微镜下解剖检查。检测薄膜有无被雌虫产卵管穿透产卵到引诱物的情况，如果没有发现虫卵存在于该引诱物上，则将其继续置于实验室培养观察4～5天，继续检查是否有实蝇幼虫生活在引诱物中。经过上述两个步骤检查之后，如果在某一个材料上发现有实蝇卵的，或发现有实蝇幼虫的，该塑料的薄膜材质则不符合制作防虫袋用的材料，因为该塑料薄膜的材质和厚度不足以抵御实蝇雌虫产卵管的穿透。根据测试，薄膜厚度为CK（8微米）、1.0C（10微米）和1.5C（15微米）的PO塑料材质的，实蝇可透过薄膜产卵到实蝇引诱物上；厚度为2C（20微米）以上的塑料薄膜，均未发现实蝇可成功穿透产卵的现象。1.5C（15微米）和2C（20微米）厚度的PE材料，实蝇可成功穿透产卵；1.5C（15微米）、2.5C（25微米）、3C（30微米）、3.5C（35微米）、4C（40微米）、5C（50微米）和6C（60微米）厚度的PP材料测试，实蝇均无成功穿透产卵的现象。

防虫套袋防虫测定方法见图57、图58。

图57 防虫套袋防虫测定方法（赵菊鹏提供）

图58 防虫套袋防虫测定（赵菊鹏提供）

防虫套袋无防虫效果测定，虫透过薄膜产卵。见图59、图60。

图59 防虫套袋无防虫效果测定，虫透过薄膜产卵（梁广勤提供）

此外，应用塑料PO材料，厚度分别为CK（8微米）、1.0C（10微米）、1.25C（12.5微米）、2C（20微米）和2.5C（25微米）薄膜制成的果实防虫套袋，在果园套果进行品质影响测定，各个厚度做3次重复。测定的结果显示，与CK（8微米）袋套果的影响相比，显示出不同厚度制成的套袋，被套果实的可溶性固形物、酸度、维生素C、还原糖、蔗糖和全糖的含量略有差异，但总体来看品质无较大的差异（表1）。

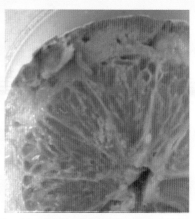

图60　防虫套袋无防虫效果测定
（赵菊鹏提供）

表1　塑料PO材料套袋番石榴果品质影响测定结果

薄膜厚度	可溶性固形物（%）	酸（克／百克）	维生素C（毫克／百克）	还原糖（克／百克）	蔗糖（克／百克）	全糖（克／百克）
CK（8微米）	9.93	0.27	79.03	6.47	2.24	8.21
1.0C（10微米）	9.87	0.31	106.86	5.78	2.66	8.47
1.25C（12.5微米）	8.27	0.21	88.70	5.04	2.15	7.19
2C（20微米）	6.67	0.29	80.6	5.37	2.08	7.45
2.5C（25微米）	8.13	0.31	77.06	5.37	2.07	7.44

注：数据均为3次重复获得的平均值。

由广东检验检疫技术中心植检实验室和广州市花都区农业技术管理中心共同研制的果实防虫袋，袋呈背心形。袋的下缘特制了5个通气排水孔，该孔只能漏出套袋内的积水，其完全可以阻止野外的实蝇进入袋内，从而既起到科学防虫的作用又不影响被套果实的品质。见图61、图62。

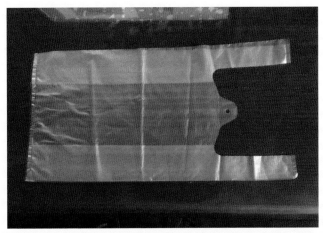

图61 背心形果实防虫袋（梁广勤提供）

图62 品质测定的番石榴材料（赵菊鹏提供）

（3）套袋适期。对莲雾果实的套袋，掌握套袋适期很重要。所谓适期是在果实尚未达到可吸引有害生物侵害之前，这个时间段不会对花果生理变化的发育期有影响，此时进行套袋，为套袋适期。针对莲雾预防实蝇侵害的套袋适期，最适宜的时间段不是从花后结果开始，而是从谢花后的某个时间段开始。根据莲雾生产者介绍，莲雾从花芽分化开始整个花期的发育，也就是说从花芽分化到小果形成需时约1个月；莲雾防虫套袋最合适的时间段应该是从谢花后至小果形成前。如果小果形成后再套袋，则小果在套袋前就有可能已被实蝇产了卵，此时套袋就失去了防虫的意义。科研人员经过科学研究结果表明，从预防实蝇侵害的角度考虑，莲雾防虫套袋适期，应在谢花后7天内，此时期完成套袋更为安全。另据有关莲雾生产者的介绍，在热带种植的莲雾，套袋后小果大约经过25天的发育，果实开始成熟并可陆续收获上市。

　　莲雾从花芽分化到小果形成的发育过程见图63，莲雾果的形成过程见图64，莲雾谢花后第7天见图65，防虫袋套袋果见图66，莲雾果套袋防虫见图67。

图63　莲雾从花芽分化到小果形成的发育过程（梁广勤提供）

2. 莲雾的采收管理

　　莲雾从花期到果实形成是果园管理最重要的阶段。在莲雾种植和果园管理的过程中，对莲雾采取的套袋防虫措施，实际上是避免果实遭受虫害，为保证植物安全创造条件。莲雾果实在投放市场之前有一项重要的环节就是植物检疫，防除和清除与植物检疫要求不符的因素。这是莲

77

谢花后 7天
14天
21天
28天
35天
42天果

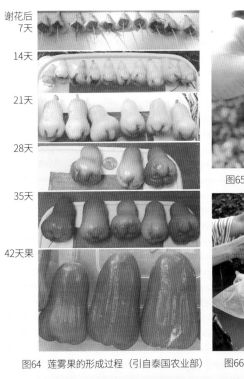

图64 莲雾果的形成过程（引自泰国农业部）

图65 莲雾谢花后第7天（梁广勤提供）

图66 莲雾防虫袋套袋果（陈安强提供）

图67 莲雾果套袋防虫（梁广勤提供）

雾果实安全上市的最后环节，而这个环节果农和出口商都十分关注。果农担心他们生产的产品能否投放市场，莲雾出口商担心产品能否被市场认可，尤其是出口到境外，能否被国际市场所接受。这些都说明莲雾的采收管理是非常重要的。

莲雾果实是实蝇的喜食寄主，易受实蝇感染，在收获时对果实采取相应的防虫保护措施很有必要。因此，在莲雾成熟收获时，莲雾生产者必须注意在收获过程中的防虫。专家研究认为，正确地使用果实防虫袋，从理论上和实践上都可以确定是防虫的。因此，收获时在送包装厂加工前不能将套袋剔除，不能将果直接暴露在外。正确的做法是果实收获时不拆除套袋，先将果实随套袋剪下，然后将果实连同套袋一起放入临时装载果实的中转容器桶或筐中，这样做可使塑料袋内的果实保持完整的包裹状态。如果在果园就将套袋拆除，果实完全暴露在果园的环境中，野外的实蝇有可能随着莲雾气味的引诱，飞到果实上活动并可能产卵。在果实收获时，将果实连同套袋摘下，既可防虫，又可起到保护娇嫩的果实不受外界机械伤害，而影响果实的品质。具有无虫和完美外观的果实，在销售市场可获得更高的经济效益。

在果园中临时装载收获果实的容器应大小适宜，例如桶，不宜太大，以免果实过重将置于桶下方的果实压坏而降低其商品价值。装果的桶是用于临时中转的，果园中收获的果实数量达到一定程度时，可将果桶集中到果园边的空地，待运输车运送到莲雾果实包装厂。运输莲雾的交通工具，可以是皮卡车，也可以是冷藏车或任何其他可以防虫的运输工具。从果园收获的莲雾果，即使是随套袋采收，还会有莲雾果的气味，野外的实蝇可能在莲雾果转运停留期间被吸引过去，而随收获果被运送到包装厂，这样就会增加受虫感染的危险性。因此，收获的果随桶临时集中放置在果园边待收集运输前，莲雾果必须用防虫的幕布严密覆盖。用于覆盖的幕布，可用40目或以下的尼龙纱布或布帐物品。

3.莲雾的加工包装管理

莲雾的种植和管理，必须要有有效的防虫措施，要加强果园的卫生管理，防止有害生物入侵和为害。进入收获季节，是果实安全进入市场的重要时间段；而进入加工阶段，更是整个莲雾生产过程的重要阶段。加工包装的过程按常规要完成果实分拣、剔除残次果、包装和装箱等工作。

（1）莲雾鲜果送往包装厂过程中的防虫措施。收获后的莲雾鲜果，应尽快送往包装厂进行加工包装。包装厂的位置，应设在果园的附近，不宜设在离果园很远的地方，长途运输会增加途中感染有害生物的风险。装载莲雾鲜果的交通运输工具，有可能在路上发生不同程度的颠簸而对果实的品质造成影响。莲雾鲜果在送包装厂的运输过程中，需继续做好防虫感染的工作，应用尼龙布或其他覆盖材料，将车上套袋果严密覆盖，如果用冷藏车密闭运输可不使用防虫的覆盖物。作为运输途中的一个防虫措施，要求必须将莲雾果直接运送到包装厂而中途不得停留休息或等待。

（2）分拣包装环节的防虫措施。莲雾鲜果包装厂必须专用，同时需具备有效地防止实蝇等有害生物可能再感染的设施。首先，建筑物必须是封闭式，门窗须安装30目金属网纱或尼龙纱布，防止野外实蝇等有害生物进入对鲜果再感染，可增强包装厂对实蝇等有害生物的防控条件，还可在厂内安装诱虫灯和灭虫灯；其次，工人进入厂房之前，须换上厂内的工作服和工作鞋，清洁洗手，不允许在厂内吸烟。包装厂内应设缓冲间、分拣工序、包装和装箱以及成品打包等工序，至少有4个工作环节。

包装厂须有病虫害检查和检疫程序以及有关工作要求，设专职或兼职的植保人员负责实施。当果实送达包装厂后，首先卸入缓冲间，准备拆袋并将果取出。拆袋前，检查果实防虫袋是否完好无损再拆袋，检查莲雾果的健康和完好情况。检查果实是否已受到有害生物感染，或因其他因素表面不正常的、已受伤害和变腐的果实。将所有不正常的果实全部剔除并集中移出场外处理间处理，或销毁或留做他用。紧接着将拆袋初步分拣完成的果实转送至深度分拣区进行再分拣，复查果实的安全性，拣出上一程序遗漏的虫果或其他有害生物感染的果。这些都是水果在包装厂的常规分拣项目，全世界都是如此，关键是包装厂必须有严格的规章制度和工作程序要求。分拣，除了对非正常果实的进一步剔除外，还包括按市场的要求对果实的品质、分级和果重等的分拣。分拣完毕的果实，再按市场要求分级包装。

果实包装时应选用洁净并可吸水的白色纸将果实包裹，并用海绵状套网套果，以防止在运输过程中果实之间的相碰，而导致降低果实的品质和果实的腐烂。

（3）成品的防虫安全措施。装载莲雾的容器必须是密封的。所谓密封是保证产品不受外界实蝇等有害生物入侵感染，保持产品处于绝对无虫的良好状态。产品应选用既方便运输又具防虫安全的容器。当选用塑料箱时，则需用两层厚的褐色或白色纸铺垫果箱；如果选用纸盒装载，应在纸盒上打孔通气，但纸盒上的孔需用30目防虫纱网进行封孔，以防止外界害虫进入纸盒感染果实。通常情况下，大多数投放市场的产品，基本上都是用塑料箱作为容器运输和上市。见图68。

图68 用塑料箱装载已包裹的莲雾果（梁广勤提供）

完成装箱的产品，只允许在包装车间内完成打包的工序，打包完成的塑料箱或纸箱，要严密牢固，不易松脱。打包完成的塑料箱，临时堆放在包装车间待移出，放入成品仓库，或当即装入冷藏集装箱待运往市场或待安排出口运输。见图69。

图69　成品打包和临时堆放（梁广勤提供）

　　（4）鲜食莲雾除害和保鲜处理技术。据张坤等报道，利用波长小于280纳米的紫外线（UV-C）照射采后果蔬，可杀灭病原菌，控制果实采后腐烂，不会对处理果实和环境造成不利影响，延长果实采后货架期。李天略等报道，采后的莲雾果实每天经紫外线照射2分钟，在杀灭表皮细菌，抑制细菌从表皮侵入的同时，可以使其表皮形成一层薄膜组织。既防止水分散失，还可使其果肉的pH、维生素C和总糖含量的变化幅度最小，保鲜期可延长至12天。辐照技术处理采后果蔬安全、快速、且无残留，是果蔬保鲜的主要处理技术之一。

　　梁广勤、梁帆等研究指出，用300戈瑞的^{60}Coγ射线对莲雾果实进行辐照处理，可将莲雾果实中虫卵及幼虫杀死。测定试验结果显示，果实内的橘小实蝇卵可被射线直接完全杀死，同时也显示各龄幼虫直接受射线杀伤的影响各异。1龄幼虫在各龄幼虫中受影响较大，直接被杀死的虫数较多，而2龄幼虫次之；300戈瑞辐照，其射线未能将3龄幼虫直接杀死，这与有关文献记载中剔出实蝇对辐照射线忍耐力最强是3龄幼虫的报道结果一致。果实中的幼虫在300戈瑞照射下处理，部分低龄幼虫被射线直接杀死，3龄幼虫几乎没有被直接杀死的迹象。根据观察，在这一剂量下处理存活的幼虫大多可化蛹但均不能羽化，而达到了最终的杀虫效果。据此，用300戈瑞的$^{60}Co\gamma$射线对莲雾进行辐照，可将莲雾果实中的实蝇虫卵及幼虫杀死或导致无生育能力，同时在此剂量下处理的莲雾，果质不受影响。

赵菊鹏等研究报道，不同剂量辐照采后莲雾果实外观明显优于未辐照果实，且糖度较高。同时研究表明，用$^{60}Co\gamma$射线200戈瑞、300戈瑞、400戈瑞、600戈瑞辐照莲雾果实，对其主要营养成分进行了测定。结果表明，辐照后的莲雾果实中含糖量较高，主要是还原糖（葡萄糖、果糖），蔗糖含量极低，果实清甜。莲雾辐照后对酸度几乎没有影响，辐照后第7天，处理的与对照的相比，处理果的有机酸较对照果的稍低。莲雾果肉中的维生素C，用不同剂量辐照，结果表明莲雾果实维生素C含量与对照未做处理的无明显差异。辐照对莲雾可溶性固形物的影响，辐照处理的莲雾与未做辐照的对照果，其可溶性固形物均与对照果无明显差异。辐照处理后的莲雾果实可以维持其果质的优良品质，含糖量增加，有机酸略有降低，糖酸比高，因此辐照后的莲雾果实品尝其风味均比对照稍甜；维生素C、可溶性固形物与对照相比无明显差异。辐照处理后的莲雾果实腐烂程度明显低于对照果，可能与辐照钝化部分微生物有关，因此辐照技术对莲雾果实中的实蝇进行除害处理时不影响果实品质。

一氧化氮（Nitric oxide，NO）可作为小分子信号物质，参与植物体内生理活动的调节。叶建兵等报道，10微升/升和20微升/升NO处理采后莲雾果实，能显著抑制其呼吸强度，保持较高可滴定酸和可溶性固形物含量，延缓果实硬度下降，减少失重率增加，并有效控制果实细胞膜透性和果实中丙二醛含量上升，从而延缓莲雾果实采后成熟与衰老过程，保证其食用品质，延长货架期。

冷激处理，冷水浸泡可延缓莲雾果实呼吸作用，抑制酶的活性，从而延长果实货架期。Worakeeratikul 等研究认为，采后鲜切莲雾果实在冷水中浸泡一定时间并用浸泡壳聚糖处理，可以延缓果皮褐变，维持色泽和可溶性固形物含量，并且降低了含糖量和可滴定酸下降幅度，延长了果实的货架期。

冷藏是采后莲雾果实最主要的储藏方法。由于莲雾采后储藏期间常温下极易失水，硬度迅速下降，细胞膜透性快速上升，营养品质下降，且极易受病菌感染，只能室温储藏4天。低温条件下，莲雾果实呼吸作用降低，酶和微生物的活性受到抑制。因此，低温处理是抑制莲雾果实采后生理变化，延长储藏期最关键的技术。王晓红等报道，采后莲雾果实在10℃条件下低温储藏，可以降低果实水分散失，延长其呼吸高峰期出现时间，抑制呼吸速率和细胞代谢过程，延迟莲雾果实采后衰老，可使其储藏时间延长8天。Supapvanich等对鲜切莲雾果肉储藏期间生理变化的研究指出，果肉亮度的降低和褐变指数的增加是影响鲜切莲雾果肉质量的主要因素，在（4±2）℃条件下储藏采后鲜切莲雾，与在（12±2）℃条件下相比，能更好地减少果肉颜色变化，较好地保持果皮色泽和鲜切莲雾果实的营养价值。采后莲雾果实包装后低温储藏，更有利于延长货架期。邵远志等报道，10℃的温度下储藏，薄膜单果包装的莲雾果实，果实的风味与品质维持效果更好，采后莲雾果实的储藏时间与新鲜度得以延长。过低的储藏温度易导致莲雾果实发生冷害，不同品种莲雾果实抗冷性适应性不同。张绿萍等研究指出，6个主要莲雾品种的抗冷能力强弱顺序依次为水蒲桃、本地种、粉红种、紫红种、青色种、印度红。因此，根据不同品种莲雾的抗冷适应性来调整采后莲雾的储藏温度，能起到进一步延长储藏期的作用。

气调储藏，气调储藏可以通过调节采后果实储藏环境的气体成分，达到降低氧气浓度，提高二氧化碳浓度的目的，从而抑制果实呼吸，降低酶和微生物活性，减少乙烯产生，延缓采后果实代谢，在储藏期间保持果实风味和品质。近年来，气调储藏保鲜技术在国内外快速发展，但是鲜有对采后莲雾果实气调储藏的研究。Horng等报道，用密封的聚乙烯薄膜袋包装采后莲雾果实，并低温储藏，可以有效地减少果实的冷害，并延缓果实衰老。

4. 建立采后处理技术流程和质量保证体系

通过对莲雾果实采收方法、采收期、适宜采收成熟度、预冷、包装、采后处理流程和质量保证体系的建立进行研究，提出莲雾鲜果采后处理流程为：采收→分级→包装→储藏→运输→投放市场。根据鲜食莲雾的生理特点，从贮运到投放市场的环节常采用冷链技术以保持莲雾果的新鲜，因此尽可能保证全过程完整的低温环境。运输过程中做好包装十分重要，要保证包装材料透气性，可用切碎的纸条铺垫以利于吸湿和通气，既可防止果实间相互压伤和碰伤，同时也可避免包装箱内湿气过大而造成烂果。

三、鲜食莲雾市场

我国台湾是鲜食莲雾出口和生产的主要基地，海南省也在大力发展莲雾的种植。据报道，琼海市经过近几年的发展，该市已建立起优新莲雾品种种植基地6 530亩，年产量7 425吨，两项均占海南全省比例的65%以上。海南产的莲雾，具有很大的经济发展潜力，在广东、福建以及其他的一些地方也有不同程度的发展。据了解海南产的莲雾在果形和质量上深受消费者的欢迎，在国内有较好的销售市场。

根据对水果市场的了解，海南省生产的莲雾在广州的销售季节通常是在4～7月，有时还会出现供不应求的情形。据悉，汕头地区对莲雾的用量最大，汕头和珠三角地区，需求量日均约3 000千克。从消费形势看，会逐年增长。我国台湾产的莲雾，最受消费者的欢迎，其色泽较泰国产的深红。根据消费者的市场感觉，台湾省生产的莲雾果实的质量较海南省生产得好，泰国产的果质较松脆。据了解，泰国莲雾一年可收获2～3次，海南的莲雾一年收获1次，而且产量不够稳定。根据以往的市场情况，泰国鲜食莲雾在广州每日有10吨的输华数量。因此，以广州为例，除了来自我国台湾产的莲雾之外，大量的是从泰国进口，海南的很少。

泰国产的莲雾颇受国内消费者的欢迎，但鲜食莲雾携带的有害生物，也引起了中国政府检疫部门的关注，特别是实蝇问题尤显突出。实蝇是一类莲雾果实的重要有害生物之一，这些害虫的危害性已在生产实践中得到证实。中国政府对进境水果的检疫有严格的要求，经过检验检疫合格后才允许进入国内市场销售。

四、中国进境水果检验检疫要求

进口水果应符合国家质量监督检验检疫总局根据《中华人民共和国进出境动植物检疫法》及其实施条例、《中华人民共和国进出口商品检验法》及其实施条例和《中华人民共和国食品卫生法》及其他有关法律法规等规定制定的《进境水果检验检疫监督管理办法》。主要包括以下方面：

（1）进口水果必须是来自我国已经准入国家和地区的准入水果种类。目前，我国可从35个国家和地区进口近50种水果，其中莲雾可从泰国和我国台湾进境。最新准入名单可从国家质量监督检验检疫总局网站http://dzwjyjgs.aqsiq.gov.cn/zwgk/zwjyjy/jjzwjcp/查询《获得我国检验检疫准入的新鲜水果种类及输出国家/地区名录》。

（2）证书要求。在签订进境水果贸易合同或协议前，应当向国家质量监督检验检疫总局申请办理并取得《中华人民共和国进境动植物检疫许可证》；在进境时应提供输出国家或地区官方出具的植物检疫证书。

（3）水果应在指定入境口岸进境。我国对进境水果实施指定入境口岸制度。从事进境水果业务的口岸，其场地、设施设备、专业人员、管理制度等需具备一定条件，并经国家质量监督检验检疫总局考核批准。

（4）进境水果应当符合检验检疫要求。包括：

① 不得混装或夹带植物检疫证书上未列明的水果。

② 包装箱上须用中文或英文注明水果名称、产地、包装厂名称或代码。

③ 不带有中国禁止进境的检疫性有害生物、土壤及枝、叶等植物残体。

④ 有毒有害物质检出量不得超过中国相关安全卫生标准的规定。

⑤ 输出国或地区与中国签订有协定或议定书的，还须符合协定或议定书的有关要求。

（5）检验检疫部门将按规定对进境水果实施检验检疫。包括审核单证、现场查验、实验室检测和检疫鉴定等。

（6）不合格货物将按规定检疫处理。检验检疫部门将根据不合格的具体情况，采取除害处理、退运或销毁等处理措施。

五、进境莲雾主要检验检疫问题

我国目前仅允许泰国和我国台湾的莲雾进境。这两个地区与我国南方地区包括海南、福建、广东、云南等有相似的自然条件和气候条件，其水果上发生的有害生物在中国大陆多数可以适生，一旦传入将会对中国大陆的水果生产造成危害。

莲雾鲜果可能携带的有害生物种类很多。据初步统计，发生在莲雾鲜果上并做了描述的病害有13种，昆虫有15种。这些有害生物经过果园管理、加工包装等过程，可剔除一部分，但可能仍会有一些有害生物随水果贸易传带。

　　近年来检验检疫部门从进境莲雾截获的有害生物包括棒角莲雾姬小蜂*Anselmella malacia* xiao & Huang、米尔顿姬小蜂*Anselmella miltoni* Girault、番石榴实蝇*Bactrocera corretca*、橘小实蝇*Bactrocera dorsalis*、大洋臀纹粉蚧*Planococcus minor*（Maskell）、牡丹网盾蚧*Pseudaonidia paeoniae*、杰克贝尔氏粉蚧*Pseudococcus jackbeardlseyi* Gimpel & Miller、长尾粉蚧*Pseudococcus longispinus*、可可球二孢菌*Botryodiplodia theobromae*、盘长孢状刺盘孢菌*Colletotrichum gloeosporioides*、指状青霉菌*Penicillium digitatum*、拟盘多毛孢*Pestalotiopsis* sp.、棕榈疫霉菌*Phytophthora palmivora*等。其中，检疫性有害生物有从泰国莲雾检出番石榴实蝇和橘小实蝇，从中国台湾莲雾检出橘小实蝇、大洋臀纹粉蚧。

　　进境莲雾果实携带有实蝇为害的受害果见图70，果实中携带的实蝇幼虫见图71。

图70　进境莲雾果实携带有实蝇为害的受害果（梁广勤提供）

图71 进境莲雾果实中携带的实蝇幼虫（梁广勤提供）

Production and Pests Control of
Syzygium samarangense

附录：泰国热带水果进境
检验检疫要求

泰国热带水果进境检验检疫要求

（一）法律法规依据

《中华人民共和国进境动植物检疫法》、《中华人民共和国进境动
植物检疫法实施条例》、《中华人民共和国国家质量监督检验检疫总局
与泰王国农业与合作部关于泰国热带水果输华检验检疫条件的议定书》
（2004年10月29日签署）。

（二）允许进境商品名称

泰国输华热带水果（以下简称水果），具体种类包括芒果
（*Mangifera indica*）、榴莲（*Durio zibethinus*）、龙眼（*Dimocarpus
longan*）、荔枝（*Litchi chinensis*）和山竹（*Garcinia mangostana*）。

（三）批准的果园和包装厂

上述水果必须来自泰王国农业与合作部（MOAC）注册的果园和包
装厂。

（四）关注的检疫性有害生物名单

杨桃实蝇（*Bactrocera cvarambolae*）、木瓜实蝇（*Bactrocera
papayae*）、番石榴实蝇（*Bactrocera correcta*）、桃实蝇（*Bactrocera
zonata*）及中方法律法规规定的其他检疫性有害生物，以及新发生的可能
对中国水果和其他作物生产造成不可接受的经济影响的其他有害生物。

（五）装运前要求

1. 果园管理

（1）MOAC应对病虫害发生情况进行调查和监测，并向中国国家质
量监督检验检疫总局（AQSIQ）通报水果上发生的重大疫情和新发生的

任何有害生物疫情。MOAC应指导果园种植者采取有效的田间病虫害预防和控制措施，将病虫害的影响降至最低程度。

（2）MOAC应对水果农用化学品的科学使用进行监督管理，并定期实施农残监测，确保符合中方安全卫生要求。MOAC应推广"良好的农业规范操作规范（GAP）"管理。

2. 包装厂管理

MOAC应监管包装厂采取适当措施对水果进行处理和包装，确保不带AQSIQ关注的有害生物以及枝、叶和土壤，避免有害物质污染和限定的有害生物感染。荔枝、龙眼枝条长度不超过15厘米。

3. 包装要求

水果包装应使用干净和未使用过的包装材料。水果包装箱上须用英文或中文标出果园、包装厂和出口商以及"输往中华人民共和国"的信息，并加贴AQSIQ和MOAC认可的检疫标识，标识样式见附件。

4. 对芒果的处理要求

出口芒果来自杨桃实蝇（*Bactrocera cvarambolae*）、木瓜实蝇（*Bactrocera papayae*）、桃实蝇（*Bactrocera zonata*）疫区的，应由出口方在出口前进行有效的除害处理。

5. 装运前检验检疫

（1）MOAC对每批水果应按3%抽样比例进行检验检疫，符合中国进境检验检疫要求的，出具植物检疫证书。

（2）MOAC或其他认可的机构须对出口的龙眼进行二氧化硫检测。二氧化硫最高限量为每千克果肉中不超过50毫克。MOAC对检验合格的水果出具农药残留证书。

6. 植物检疫证书要求

MOAC出具的植物检疫证书的附加声明中应注明"This fruit is in compliance with the Protocol on Inspection and Quarantine Conditions of Tropical fruits to be exported from Thailand to

China"（该批水果符合《泰国热带水果输华检验检疫条件的议定书》的要求）。

（六）进境要求

1. 有关证书核查

（1）核查是否附有国家质量监督检验检疫总局颁发的《进境动植物检疫许可证》。

（2）核查是否附有符合第五条、第六条规定的植物检疫证书。

（3）对龙眼核查是否附有MOAC出具的农药残留证书。

2. 进境检验检疫

根据《检验检疫工作手册》植物检验检疫分册第十一章的有关规定实施检验检疫。

（七）不符合要求的处理

（1）经检验检疫发现带有枝条（荔枝、龙眼枝条长度超过15厘米）、叶片或土壤，或发现带有限定性有害生物（实蝇除外），则对该批水果进行销毁、转口或有效的除害处理，有关费用由货主承担。AQSIQ将向MOAC通报有关情况，并要求采取有效的改进措施。

（2）发现任何虫态的一种活的实蝇，则对该批水果立即采取销毁、转口或在安全区域进行有效除害处理，有关费用由货主承担。AQSIQ将向MOAC通报有关情况，并暂停进口来自相关出口商、包装厂和果园的水果。

（3）如发现农药和化学残留超标，则该批水果做退运、转口或销毁处理，有关费用由货主承担。AQSIQ将向MOAC通报有关情况，并暂停进口来自相关出口商、包装厂和果园的水果。

（八）其他检验要求

根据《中华人民共和国食品卫生法》和《中华人民共和国进出口

商品检验法》的相关规定，进境泰国水果的安全卫生项目应符合我国相关安全卫生标准。对中国尚无限量标准的，参照国际食品法典委员会（Codex）有关标准，或与MOAC商定的标准。

主要参考文献

焦懿，余道坚，徐浪，等.2011.从进口泰国莲雾上截获重要害虫杰克贝尔氏粉蚧[J].植物检疫，25（4）：63-65.

梁广勤，李仰调，梁帆．2006.进境莲雾辐照杀虫处理试验研究初报[J].植物检疫，20（6）：338-340.

梁广勤．2009.中国进出境水果关注的有害生物[M].北京：中国农业出版社.

龙超安．2014.果树嫁接新技术[M].北京：化学工业出版社.

吴佳教,黄莲英．2014.入境台湾水果口岸关注的有害生物[M]．北京：北京科学技术出版社.

杨凤珍，李敏，高兆银，等．2009.莲雾果实病害及防治研究进展[J].浙江农业科学（5）：961-964.

张珅，郑江枫，陈梦茵，等．2012.莲雾果实采后处理与保鲜技术研究进展[J]．包装与食品机械，30（6）：42-44.

赵菊鹏，梁广勤，胡学难，等．2009.^{60}Coγ射线辐照对莲雾、番木瓜果实营养成分的影响[J]．植物检疫，23（2）：14-16.

赵忠懿，王文华，徐伶娜，等．2007.世界新纪录害虫——棒角莲雾姬小蜂[J].植物检疫（6）：359-360.

郑德剑.2013.莲雾优质丰产栽培技术[M].北京：中国农业科学技术出版社.

郑科，郎南军，曹福亮，等．2009.扦插技术研究解析[J].贵州农业科学，37（12）：195-199.

周东辉，吴国麟，傅炽栋，等．2008.莲雾嫁接育苗技术[J].广东农业科学（8）：167-170.

Waterhouse DF,1993.The major arthropod pest and weeds of agriculture in Southeast Asia. Themajor arthropod pest and weeds of agriculture in Southeast Asia.,v+141pp［ACIAR Monograph No21］; pp. of ref.

Zainon Othman，Muhamad Lebai Juri. 2000.Potential Food Irradiation In Malaysiya Institute for Nuclear Technology Research[J]. 49-53.